图书在版编目（ＣＩＰ）数据

建筑学的属性 / 吴焕加著 . -- 上海 : 同济大学出版社 , 2013.6
ISBN 978-7-5608-5135-8

Ⅰ . ①建… Ⅱ . ①吴… Ⅲ . ①建筑学 – 研究 Ⅳ .
①　TU-0

中国版本图书馆 CIP 数据核字 (2013) 第 065640 号

出品人：支文军
责任编辑：秦蕾　孟旭彦
责任校对：徐春莲
设计制作：左奎星
版 次：2013 年 6 月第 1 版
印 次：2013 年 6 月第 1 次印刷
印 刷：上海中华商务联合印刷有限公司
开 本：170mm × 230mm 1/16
印 张：13
字 数：260 000
ISBN：978-7-5608-5135-8
定 价：39.00 元
出版发行：同济大学出版社
地 址：上海市杨浦区四平路 1239 号
邮政编码：200092
网 址：http://www.tongjipress.com.cn
经 销：全国各地新华书店
本书若有印刷质量问题，请向本社发行部调换。

建筑学的属性

THE ATTRIBUTE OF ARCHITECTURE

吴焕加 著

同济大学 出版社
TONGJI UNIVERSITY PRESS

米兰大教堂，吴焕加画，1980

"动物仅仅利用外部自然界，简单地用自己的存在在自然界中引起改变；而人则通过他所作出的改变来使自然界为自己的目的服务。"

——恩格斯《劳动在从猿到人的转变中的作用》

"能有所艺者，技也。"

——庄子《庄子·天地》

"建筑是一门最不完善的艺术。"

——黑格尔《美学》（第三卷·上册）

"在建筑中，人的自豪感、人对万有引力的胜利和追求权力的意志都呈现出看得见的形状。建筑是一种权力的雄辩术。"

——尼采

"问题不是我们做什么，也不是我们应当做什么，而是什么东西超越我们的愿望和行动与我们一起发生。"

——伽达默尔《真理与方法》

"天下之势，辗转相胜；天下之巧，层出不穷，千变万化，岂一端所可尽乎。"

——[清]纪晓岚《阅微草堂笔记》（《槐西杂志》）

目录

前言

建筑学属于哪个领域

大学的建筑学专业是很特殊的一门学科。

第二次世界大战结束不久，我从甘肃省一所中学毕业，进入清华大学航空工程系学习。一年后，梁思成先生从美国归来，我听了他的一次讲演，萌生改学建筑的念头。我找到梁先生办公室，向他提出转系的请求。先生问了几个问题后准许我转入建筑系。

建筑系当时的名称是"营建系"，与航空工程系同属于工学院。我在两个系的经历和感受大不相同。航空系本科的课程和工学院其他系一样，全是大课，上课听讲，课后自己钻研，师生交往很少，几乎没有。建筑系课程设置与其他工科系大不一样。学生要画素描、水彩，学建筑史，系里陈列着文物和美术作品，充满艺术和人文气息。建筑设计是主课，从一开始上课，就是一对一地教。老师先看你的设计方案，听你陈述，再给你指点，耐心地手把手地改图，像商量工作一样对学生言传心授。

建筑系的气氛和教学方式与工学院其他系大不相同。在梁先生主持下，师生关系愉快祥和，令我这个转系学生十分惊喜，非常感动。

如今六十年过去了。

韩愈说，"师者，所以传道受业解惑也。"我已退休，无传道、受业之责。但长时间讲课下来，自己倒积下不少未解之惑。年事增长，疑惑不减反增。这本小书是为解自己心中的惑试写的。

我不怀疑现代大学设置建筑学专业的必要性和好处，因为能较多、较快地培养建筑设计人才，但有些问题需进一步明晰，其中一个是：建筑学究竟是什么性质的学科，属于什么领域，工科？理科？

文科？艺术科？

都不太像，都不准确。

建筑学包含科学知识，但后者仅是建筑学的一个部分。建筑学中还有多种其他方面的学术内容，例如学生要学美术。建筑学专业是多种学术的集合。

建筑学从来不是一门严格意义上的科学，也不是单纯的技术。

建筑带有艺术的性征，但总体上不是艺术品，更不是纯粹的艺术，它以房屋为载体，其艺术性依附于房屋的内部与外部的实体及空间。从艺术分类学的角度看，建筑至多只能归于实用艺术的范畴。

建筑是以实际使用为目的的多元、多维、多向度的人造物。建筑是物质的，又是精神的；是空间的，又是时间的；是理性的，又是感性的；是技术的，又是艺术的；既要满足人的生理和物理的需要，又需符合人的心理和精神的要求；既是当下的，又是绵延的；既是实用之物，又是象征和文化符号；既反映人的意识，又映射人的潜意识；即便是私人的房产，也带有社会性；既表现人的个性，又传达群体性和社会性；既是审美对象，又是不动产和投资对象；既能令人陶醉，又会给人带来痛苦；既是合家团圆、族人团聚的场所，又是法律纠纷和争斗的起因。

与自然科学相比，建筑学多了社会性；与人文社会科学相比，建筑学多了科技内容；与艺术相比，建筑学多了实用性；与哲学相比，建筑学多了对物质问题的探究。建筑师要为各式各样的人、各式各样的需求服务，从最低限度的需要到最高层级的享受都要熟悉，都得研究，所需的知识结构五花八门，不胜枚举。

建筑学这个行当的任务特殊又广泛。它为人类的生存和发展提供多种多样的庇护所、平台、舞台、场所与环境。与其他人造物相比，一个显著的不同点在于，房屋建筑将人和人的活动覆盖、庇护和包容在它的内部、外部和影响之下，可以说是对人进行着全覆盖。

在正常情况下，人的生、老、病、死，都需要房屋建筑。就社会来说，没有或缺少房屋建筑，社会生活的方方面面就无法持续进行。我们到世界任何地方，看一看那里的房屋建筑的现状，就能像中医看人的舌苔一样，判断那个地区社会发展的阶段和状况，八九不离十。

房屋建筑与人身相连，与人心相通，既满足人的实用需求，又将人的相当一部分心理、情感、喜好和信仰固化于其中。在过去缺乏流动性的时代，人长时间住在一处房屋中，生于斯，终于斯，长期被那所房屋所包容，人与它亲密共处，几乎合为一体。"家"的概念和住屋密切关联。大家对自己住过的房屋，尤其是出生时和小时候住过的房舍以及自己心仪的名人的故居，会怀有很深的感情和很多的感触。

房屋虽由冰冷坚硬的材料造成，而房屋建筑（监狱之类除外）的落成总是喜庆之事，令人欢欣。建筑上常见之物及其形体样态，大至建筑造型、屋顶样式；中到习见的结构形式、构造做法；小到某种木材、石料、金属、门窗样式，以至门环的形状，都有可能成为人们赏心悦目、念念不忘的对象和不愿失去的喜爱之物。那些特定的形式和物质，在房屋建筑中被赋予人性，成为人化的物质和形式。

为什么人与房屋建筑之间会产生这样密切的关系？这与人的记忆有关。罗素说"人的精神的实质是记忆，没有记忆就没有精神"[1]，又说"人的记忆具有社会的、文化的、集体的属性"[2]。

建筑是多元、多维、多因子、多向度的人造物。今天，比建筑复杂得多的人造物有的是，如各种航空、航天器。房屋建筑的复杂性在于它的性质上的多样性、多面性和矛盾性。

建筑有数千年的历史，现代建筑教育的出现却相当晚。19世纪中期，美国还没有现代意义的建筑院系。那时候，一个美国人想进入这一行业，从事建筑设计，一般得进营造厂或很少的建筑师事务所，边干边学。当年纽约一个有名的建筑师事务所，招收想学绘制建筑图样的人，学员还要交钱。也有专门教授建筑制图的学校。再往后，大学里才有培养职业建筑师的科系。

20世纪初，上海有的外国洋行设立建筑设计科室，称"打样间"，其中的设计人员被上海人称作"打样鬼"，最先到中国的洋"打样鬼"多是土木工程师，后来才有"正牌"建筑师。中国大学早期的建筑教育是在土木工程系中开几门制图课程，无专业之名分。建筑前辈莫伯治先生大学时读的就是土木系，毕业后先是修建公路。后来才有中国的大学在工学院中设立建筑系。清华大学成立虽早，建筑学专业却是第二次世界大战后才有的。再后来，中国出现了建筑学院和建筑大学，美术院校也有了建筑专业。当然，美术学院培养建筑师在国外比较早就有了。

建筑学专业究竟属于哪个学术领域？应该放在哪类学校？哪个学院？事实已经有了答案。建筑学专业是跨门类、跨领域、独立性和特殊性很强的学科，只要具备合适的师资和教学条件，放在什么大学、什么学院都行。

房屋建筑是人类为个体存在和社会运行、发展而创制的，必需和特殊的人造物。建筑是高端的房屋，房屋与建筑既相关联又有差别，而两者间的差别却并无确定的界线。这和一般人写字与书法创作，平常人照相与摄影艺术之间的关系相似，两者之间有差别无明确的界线。

1　罗素. 西方哲学史. 商务印书馆, 1963.
2　罗素. 宗教与科学. 商务印书馆, 2000.

第一章

建筑学的独特性

作为一种工程建设，建筑学和建筑设计有两个突出的特点：一是高度的相对性；二是高度的主体性。

一、高度的相对性

先说相对性。我们知道，严格的科学有公理、定理、公式、定律，都必须遵守，不能打马虎眼。建筑学却是另一种情况，很少有公式、定律，常常是给一个区间或范围，由你选择，富有弹性。这就表现出建筑有很高的相对性。

东京大学铃木博之教授在为《"建筑学"的教科书》写的序中，一上来就声明，"这本书虽然名为《"建筑学"的教科书》，但不是解答专业考题的教科书。相反，这是一本想让读者了解到'建筑学是没有唯一正确答案'的教科书"。他认为，"正因为没有唯一的答案，所以建筑才有意思，也正因为如此，建筑才有无限的可能性。正因为人人都可以思考建筑，人人都可以从中找到自己的答案或者感受建筑的可能性。"[1]

从事建筑设计工作的人，从经验中了解事情就是如此。建筑中很多事情、很多做法既不能说其对，也没法证明其错。许多场合都会给出一个范围、一个区间，让你选定。比如，窗子的大小、尺寸、有无窗框，门的形式、高度和宽度等，可以这样，也可以那样，除了恶搞，很多不同的方案和做法都是可行的。其间只有好与差的区分，不存在正确与错误的对立。这种情况在理工科其他学科中很少遇见。在别的学科中，三是三，四是四，连小数点后几位都不能随便改动。而在建筑设计中，很多场合富有弹性，或三或四，或不三不四，或又三又四，都行。这种做法有时还受到鼓励，认为是兼收并蓄，古今结合。

中西合璧或融汇中外古今，是中国近代许多先进思想家提出过的发展中国文化的方针。梁启超在概括他那一辈文化人的学术方向时写道："康有为、梁启超、谭嗣同辈，即生于此种'学问饥荒'之环境中，冥思苦想，欲以构成一种'不中不西既中既西'之新学派。"[2]哲学家张岱年也提出，中国新文化的方向应是"综合创新"。

我们冷静、客观地看，就得承认，中国的现代建筑，不说全部，至少大多数已经是"综合创新"的产物，即"不中不西，既中既西"的房屋建筑。

当然，建筑学也有它绝对的地方，仍然是绝对性与相对性的统一，只不过相对性的比重非常大。

逻辑学要求 A = A，B = B，思维要遵从同一律。然而，在经典逻辑之外又有模糊逻辑、多值逻辑、时态逻辑等非经典逻辑。模糊逻辑指出，人的概念分为确定的和非确定的两大类，存在非确定性命题。人的思维活动常常需要运用非确定概念进行推理活动。多值逻辑认为，对于未来事件的命题有三种回答。例如，亚里士多德说"明日有海战"，这个命题既不真，也不假，在真或假之外还有第三值：未定。第三值又可能扩展到 n 值。

在建筑设计中，我们常常遇到非确定性命题，因而会得到 n 个处理方案。1958 年北京人民大会堂开始设计时，收到了 84 个平面方案和 189 个立面方案，即是一例。

"没有唯一正确答案"的状况并非建筑学所独有，但在建筑中显得非常突出。

二、高度的主体性

造房子必须考虑并接受自然界和人世各种条件的挑战与限制，否则房屋就造不起来。但是，这不意味人处于完全被动的状态。由于建筑的高度相对性，很多方面不存在唯一正确的答案，所以在客观条件的限度之内，设计者可以做出很多的方案，定下自己的抉择。例如，北京人民大会堂立面的柱子，结构工程师根据材料性能、荷载状况，精确计算出结构力学上合理的直径尺寸，但实际造出来的柱子粗了许多。为什么加粗？是视觉上需要。视觉上为什么要粗？说来话长。原因之一是古希腊建筑的柱子就粗，古埃及建筑的柱子更粗，千百年来，欧美的国家性、纪念性建筑的柱子都又粗又壮，我们人民大会堂立面上的柱子，一时半刻也细不下来。总之，建筑中的许多柱子的柱径，在结构工程师算出尺寸后，还会加以调整。不是工程师们算错了，而是较细的柱子与人的主观喜好有差异，很多人看不惯，觉得"无力"。如此种种，建筑物外观选什么材料，用什么颜色，可以找出许多科学和技术上的理由，但是最后还由人的喜好来决定。

"鸟巢"为什么做成那个样子，央视新楼为何造成似倒非倒的模样，都不是出于功能和结构的需要，更不是为了省工省钱，而是出于设计者和一部分人的主观喜好。

哲学家说，人的全部活动"既受客观世界规律的制约，又受客观世界提供的物质条件的制约，永远不能摆脱自然、社会和思维规律的制约"。但是，"在主体和客体的实践关系中，人按照自己的目的实现对客体的改造，把自己的目的、能力和力量对象化，确证自

人民大会堂柱廊，楼庆西摄

己是活动的主体，同时占有、吸收活动的成果……提高认识和改造世界的能力，巩固自己的主体地位。"[3] 这是人的主观能动性，即主体性。

建筑活动是主体和客体间的一种实践关系，是主体改造客体及客体被改造的关系，人是活动的主体。"鸟巢"和央视新楼并没有违反基本的自然规律，所以不垮不倒。但采取现在那个外形，其实是建筑师在造型上搞花样，也是主体——人选择的结果。主体客体之间仍然是对立统一的关系。

20 世纪 50 年代，北京友谊宾馆用了琉璃瓦大屋顶，招致一通批判，说是太浪费了。当时有一幅漫画说设计人"比慈禧太后还浪费"。呜呼！没过几年，琉璃瓦屋顶在"国庆工程"中又名正言顺、堂而皇之地复出了。民族文化宫、中国美术馆、农业展览馆等,都用了琉璃瓦。近年来,在经济保障房上,我们注意降低造价。而在"鸟巢"、央视新楼等工程中,为了形象,则愿意多投银子。建筑工程中这类法无定法,是主体性的表现。这也不难理解:常人置办衣服,少数几件是花钱买贵的,一般穿着的则要节俭。

主体分个人主体、集团主体及社会主体三类。前两种往往假社会主体之名出现,掩盖了领导者在建筑活动中的个人专断和随意性。

北京建筑设计研究院总建筑师胡越在一个座谈会上说,"建筑设计更多的是一种主观的看法,是客观在主观当中的一种反映,然后也有主观臆断的现象。"这是实际情形。他说自己"之前读到一本书,书名是《建筑师如何思考的》,(该书)作者谈到他采访了很多建筑师,而要想知道建筑师是怎么思考的是最没有把握的,因为建筑师在介绍自己如何做方案的时候,基本上说的都是假话……我(胡越)看了这句话心里面是非常地赞同。建筑师的设计在最原始的时候有一个冲动,这个冲动不是来自于理性,很大程度来自于一种感性。"这番话中的"主观"即"主体性"。对胡先生的这一看法,我也"心里面是非常地赞同"。

我们看画家,尤其是国画家和抽象派画家,作画时那么自由潇洒,展现极大的主体性。建筑师不如他们,但比上不足比下有余。在工程类项目中,除了建筑,还有哪种工程能有建筑这样强劲的主体性!

高度的相对性和高度的主体性,给建筑设计带来不确定性,因而在许多情况下,很难为建筑设计确定一个僵硬的好与差的标准,不宜制定绝对的规则和尺寸。这也是建筑评论不易开展的原因之一。然而,高度的相对性和主体性的好处极大,它给建筑师提供了广阔的创造空间。在宽松的政治条件下,建筑师能充分发挥其创造才能,形成百花齐放、万紫千红的局面。

房屋建筑是人为自己的需要而造的,大部分直接供人使用,又带有一定的意味和表现性。建筑史上有过这种主义、那种方针、这种流派、那种倾向……它们有局部的、次要的、暂时的价值和意义。而起全局性、根本性引导作用的是人本主义。设计因人而作、为人所用、由人抉择，自当以人为本。因而，高度的相对性和主体性是建筑学和建筑设计中应有和必有之义。

三、个性化设计与多种成材之路

建筑学专业还有另外两个特点：个性化设计与多种成材之路。

建筑设计是建筑学专业的主课，这门课的教与学很特殊。关肇邺先生的一段文字生动记述了当年他上建筑设计课的情形。他写道："记得大概是二年级时，老师（汪国瑜）看到我的幼儿园设计，干巴巴地摆了几排房子，毫无意趣，经过十几秒钟的审视后，便提笔简单地动手调整了房屋的位置及长度，令其有参差变化，加了一段富有童趣的漏窗回廊和两段开有月洞门的粉墙，再加上三棵大树、几块草坪，本来枯燥的设计马上灵动起来。因为整个过程是现场勾画，边画边讲，可以看到他构思的过程，让我增加了兴趣，提高了信心。这实在是对初学者很好的教学方法，我自觉从此得益匪浅。在数十年后的今天仍历历在目。"[5]

现代建筑教育的建筑设计课，在很大程度上仍保持着历史上师傅带徒弟，手把手，口传心授的传授技艺的方式。这种方式十分有效。建筑师的设计总是带有自己的个性。

即使在现代，想成为建筑师的人，如果有决心又有运气，面前并非只有上大学一条道。不少未受正规建筑教育的人也曾设计出好的建筑，有人还成了著名建筑师。美国国会大厦最初的方案是一位医生提出的。20世纪前期，三位倡导现代主义建筑的欧洲建筑大师，只有格罗皮乌斯一人受过正规的建筑教育。另外二人，勒·柯布西耶早先从事钟表镂刻；密斯先在石匠父亲那里干石匠活，后来搞起建筑来。二战后他设计了纽约西格拉姆大厦，当局要查他的建筑师资格，密斯没受过正规建筑教育，拿不出学历证明。

日本著名建筑师安藤忠雄也未受过正规建筑教育。安藤 17 岁成了一名职业拳击手。20 岁时他得到一本勒·柯布西耶的作品集，建筑吸引了他，转而自学建筑设计。他说上学有好处，但"我却没有这样的机会，仅仅是因为兴趣的吸引，踏入建筑的世界"。他认为"自学最辛苦的事，就是什么时候都是一个人，饱受孤独和焦躁的煎熬，虽说这对自学者来说是理所当然的事。没有一起学习，可以交流想法的同学，也没有给自己出主意、指点迷津的师长……从不到 20 岁起开始搞建筑，什么时候都要问自己'建筑是什么？建筑可以做什么？'这个设问大概找不到答案吧。我们能够做到的只是对每一个不同条件的项目，尽到极限去思考，找到每一次的个别解答，竭尽全力地做每一个项目，仅仅如此而已。"[6]

铃木博之为《"建筑学"的教科书》写的序中说："学习建筑的方法不只是一个……学习建筑和年龄、经验没有关系，谁都能学，并且谁都能够做到。"现代中国也有非建筑学专业出身而成著名建筑人才的例子。

由于建筑专业性质的特点，加上人才培养的不同方式，我们约略感觉到学建筑的人多具发散型思维，做事能拿出多种对策，不会在一棵树上吊死。

完工的建筑好用不好用，好看不好看，与设计它的人，特别是主要的设计者大有关系。现今中国许多人不明白建筑师的作用。报纸刊物热心报导某个建筑的开工和竣工，而鲜提建筑设计者是谁。这是中国古来就有的国情。历史上，中国的建筑和器物用具的设计制作都由工匠担当，除个别人如"样式雷"及少数紫砂壶艺人外，工匠的社会身份不高，都被忽略了。至今，许多人也不知建筑师与土木工程师有何区别，甚而不知有建筑师这一种职业。

四、"立意"与"构图"

建筑学的教材和著作，不用复杂的数学，没有艰涩的理论。曾见数理化成绩好的学生，进了建筑系，觉得自己无用武之地。的确，建筑学的难点不在书本和计算，而在建筑设计。

前辈们说，建筑设计前期的"立意"和"构图"对于成果的高下起决定性作用。

建筑师的"立意"范围很广，有对将要建造的房屋的功能、设施、经济等物质方面的设想，又有对未来建筑的形象、面貌、风格、人及社会的思想影响等精神方面的考量和意图。在设计高档的有社会影响的建筑时，设计者对未来建筑的形象往往投入思考很多，很费心力。

"立意"是头脑中的构思，通过"构图"，一步步由粗到精转化为有形有体的建筑。"立意"与"构图"，现今有种种不同的叫法，如"创意"与"造型"等，但实质相同，一个是"意"，一个是"形"。立怎样的"意"，构什么样的"形"，体现建筑师的学养与功力。这是建筑设计中最微妙、最难学、最不易掌握的地方。

一般房屋的意和形都一般，有的根本无"意"可谈，只需把"形"弄整齐就行了。建筑越重要，就越讲究"意"和"形"。建筑的"意"与"形"，都受着很多的限制，这是由建筑本身的性质决定的。

建筑的"立意"是创制一种概念化的和象征性的想法，如选择创造新样式还是仿造某种传统样式，风格隆重庄严或朴素亲切、或新颖轻巧、甚或怪异前卫等。初期的"构图"是用简略的图形勾勒出未来建筑的大致体形。

建筑的"形"，在历史上受技术和社会制度两方面的约束，有很多限制。在最近一二百年，由于有近现代科学技术的武装，有较为宽松的社会制度和激烈竞争的市场经济的推动，建筑在"形"的方面自由多了，宽松多了。时至今日，越来越多样，越来越自由，变化也越来越快。以前几百年才出现变化，如今几年，甚至年年都出新款、新潮。

与古典绘画、雕塑，以及文学相比，建筑形象固然是实物，是实际存在，但如果不是沿袭模仿某种已有的建筑样式，就会让普通人感到陌生、抽象、怪异，如看抽象图案。

立意和构图是建筑师的"看家本领"。相对于"立意"，建筑的"构图"有极大的甚至是无限的发展和变化的余地。如西方古典美学家所说，建筑艺术属于"形式大于内容"

那一类。建筑的"形"比"意"大，意味着建筑的"形"的作用和重要性超越建筑的"意"。这也是建筑"形式美"的依据之一。

前面提到过建筑师"说假话"的事。我以为，一个人要讲清楚自己如何做出方案有时真的很难，甚而根本说不清楚。

贝多芬的小提琴协奏曲，毕加索的名画《格尔尼卡》（Guernica），瞎子阿炳的《二泉映月》，人们很熟悉，但这些作品究竟是如何创作出来的，连艺术家自己都说不细致，讲不清楚。原因是人的创造行为异常复杂，一件艺术品，从在脑子里萌生，到变成实在的作品，其中的机制和过程非常曲折、微妙、多变、隐晦，人们至今还弄不清楚。

譬如，人们很难交代潜意识在创作活动中的作用。许多时候，人已经不再自觉注意某个问题了，而在潜意识中，大脑还在思考它。杜威说："在潜伏期间，让思维像孵化一样慢慢地潜滋暗长……使所获材料重新组织。事实和原则自然融合在一起，隐的显了，纠纷的厘清了，结果是疑难焕然解释了。"[7]

阿恩海姆说的较为详细，他讲："在睡觉的时候，人的意识下降到了一个较低的水平，在这一水平上，生活的情景并不是以抽象的概念呈现出来的，而是通过含义丰富的形象呈现出来的。睡眠在所有人身上唤醒的创造性想象力，都会使人惊叹不止，而艺术家进行艺术创造时，也正是依靠了这种潜伏在深层意识中的绘画语言能力。"[8]

剑桥大学的专家曾进行过一项调查，发现有70%的科学家是从梦中得到启示。对数学家的调查表明，69个人中有51人是在睡眠中解决问题的。笔者的经验是，早上刚醒时脑中容易产生一些想法，我以为这是脑子休息后的结果，心理学家却说，灵感位于睡与醒之间的过渡区域。种种说法是否靠谱，尚无定论。

总之，科学家至今对于创造、创作、发明等的心理机制还不甚明了，人的大脑在相当程度上还是一个黑箱。说建筑师介绍自己如何做方案时说假话，我想，有人是真心说假、大、空的话，但多数人恐怕是由于说不清楚而引起误解。陶渊明诗云"此中有真意，欲辨已忘言。"[9] 大文学家陶先生也交代不清楚。

建筑学几乎涉及人世和自然界的各个方面、许多知识和重要问题。一名好的建筑师不得不对自然科学、社会人文科学、宗教信仰、哲学、美学及社会意识形态的方方面面都有所知晓，有所了解，但不必也不可能都去深入。正如交响乐队的指挥需要知晓而不是精通所有的乐器，他的任务是组织、调度、指挥所有的乐器演奏。建筑师的工作与此类似。

五、矛盾复合体

人打出生到辞世，除特殊情形，一辈子都需要房屋建筑，好坏遑论。社会活动的方方面面，也需要房屋建筑。房屋建筑是量最大、面最广的人造物。它为个人的生存服务，为人类的存在服务。

建筑的类型、形制、等级、形式之多，举不胜举；条件、要求差别之大，难于细述。建筑问题，无论从哪个角度、哪个方面加以考察，都不简单，都不单纯。

现代系统论指出任何事物都是一个系统。"系统是处在一定相互联系中与环境发生关系的各组成部分的整体"，是"相互作用的诸要素的复合体"。又指出，"若干要素在不同的联系上会形成多方面的矛盾，不存在只包含一个矛盾的简单事物，事物存在的形式不是矛盾个体而是矛盾群体。"[10]

建筑和建筑学牵涉极广，环境、地形、地貌、材料、结构技术、使用需求、社会文化、心理、建筑规章、资金、工期、形式美、建筑艺术潮流……边界不定，各因素之间都存在矛盾。建筑和建筑学"不是只包含一个矛盾的简单事物"，是错综复杂的矛盾复合体。

六、奇妙的建筑学

中外古今的优秀建筑艺术作品都各有特殊的动人效果。如果地球失去各处杰出的建筑艺术品，世界就乏味多了。那些建筑，造型千变万化、品类繁盛、生生不息、层出不穷，而都无声无息地、毫不张扬地迎接着四方来客。对于古今诗词，杜甫的态度是"不薄今人爱古人"。对于中外古今的建筑，我们也应秉持同样的态度。

建筑学的高度相对性与高度主体性源于人的需要，是人性的要求。人不喜欢绝对的和压抑自己的做法，在直接为人使用的房屋建筑上尤其如此。

人又不喜欢雷同的东西。世界上杰出的建筑物都各具特色，各有千秋，你找不到两个完全相同的重要建筑。这个事实表明，无论古代的匠师还是现代的建筑师，都是努力创新又富有创意的人，人们不喜欢两座一模一样的重要建筑。

古希腊人把 Architecture 看作"高端技艺"，如今已算不上太高端了。而且建筑设计与建筑施工已分为不同的行当，结构、照明、保温等也分离出去了。不过，即便有了这些改变，即使有了电脑等，建筑学原有的"技艺"本质并没有发生根本性的改变。"技艺"含技巧，建筑设计有自己特殊的技巧。现代建筑设计的核心属性是"建筑设计技艺"。

建筑是物质文明与精神文明的耦合体。建筑学不是纯艺术，不是纯技术，不是纯工程，不是纯自然科学，也不是纯人文社会科学。但这些门类的学问和技艺，都与建筑学有关，而且程度不同地包容在建筑学之中。这种跨多个性质的不同学科的综合性，带来建筑学特有的复杂性和矛盾性。

《辞海》里有不少"多"字打头的词，有"多面体"、"多价体"、"多元性"、"多重性"、"多型性"、"多相性"等。把这些词全用在建筑上，都合适，都不为过。这就产生包括建筑设计、建筑创作在内的整个建筑业的独特性。突出的表现有：

建筑是集团行为和个人行为的共同产物；

石材立面的古今简繁对比

杰出的建筑作品是独特的、个别的、一次性的、不能复制的；

建筑处理有客观的、科学的抉择依据，但人的意志、信仰、欲念、心理、价值观等主观因素无可避免地起重要作用，甚至是决定性作用，建筑活动具有高度的主体性；

建筑与所在地点的环境和文化密切关联，从而有地域性；

建筑有时代性，从而有历史性；

建筑中非艺术性成分多于艺术性成分，两方面可以转化，相辅相成；

建筑师的创作实践大多依赖于他人的投资；

建筑理论知识与设计技艺，是不同性质的事情，互相关联，但互不替代。

总之，构成建筑的成分和因素多样复杂，自然与人文，物理与心理，技术与艺术，意识形态与物质形态，个人与社会，主观与客观，意识与下意识，继承与变革，经验与超验，确定与含混等，不同领域和范畴的挑战与矛盾交织在一起。作为一门学科，难以用归纳或演绎的方法，以及科学的实验手段建立有效的理论、法则和预测。而且，连对已有建筑的研究和理解，都存在困难。不同的人对同一建筑的评价不仅不一致，缺少共识，甚至常常截然相反。

在世界建筑历史的长河中，留下许多散发耀眼光辉又有历史意义的建筑遗构。人们常从其中举出若干最重要、最有价值的代表作。不同人士会有不同的选择。在笔者心目中，下列13座建筑可以进入候选名单：

埃及凯尔奈克的阿蒙神庙（始建于公元前1800年）

希腊雅典帕提农神庙（前447—前432）

罗马万神庙（118—128）

伊斯坦布尔圣索菲亚教堂（532—537）

山西应县木塔（1056年）

德国科隆大教堂（1248—1880）

北京天坛祈年殿（1407 — 1420）

印度泰姬·玛哈尔陵（1632 — 1654）

巴塞罗那博览会德国馆，建筑师密斯·凡·德·罗（1928 年初建，1986 年重建）

美国匹茨堡市郊流水别墅，建筑师赖特（1936 — 1937）

法国朗香教堂，建筑师勒·柯布西耶（1947 — 1955）

澳大利亚悉尼歌剧院，建筑师伍重（1956 — 1973）

西班牙毕尔巴鄂古根海姆美术馆，建筑师弗兰克·盖里（1993 — 1997）

清代文人纪昀（纪晓岚，1724 — 1805），由于一部电视剧的播放，在国人中甚有名气。纪先生在他的《阅微草堂笔记》的《槐西杂志》一文中有这样几句话：

"天下之势，辗转相胜；天下之巧，层出不穷，千变万化，岂一端所可尽乎。"

这话不是就建筑说的，我们将"天下之势"改为"天下之建筑"，借来描述建筑领域的事却相当合适。一部世界建筑史正是这样绵延过来的。

建筑领域总是"辗转相胜"，"千变万化"，建筑之巧"层出不穷"，绝非一种观念、数个型制和几个流派所能概括和终结的。过去这样，现在和将来也是这样。

1　安藤忠雄等. "建筑学"的教科书. 包慕萍，译. 北京：中国建筑工业出版社，2009:10.

2　梁启超. 论清学史两种. 上海古籍出版社:197.

3　中国大百科全书总编委会. 主体与客体. 中国大百科全书 哲学卷. 北京，上海：中国大百科全书出版社，1987.

4　《建筑创作》副刊《品茶论道》. 2009 年学会年会座谈会.

5　关肇邺. 永远怀念的汪国瑜先生. 清华校友文稿资料选编：第十七辑. 清华大学出版社，2012:123.

6　同注释 1

7　杜威. 思维与教学. 商务印书馆，1936:254.

8　鲁道夫·阿思海姆. 艺术与视知觉. 滕守尧，朱疆源，译. 中国社会科学出版社，1984:636.

9　陶渊明. 饮酒二十首之五. 陶渊明集.

10　贝塔朗菲. 一般系统论的历史与现状 // 赵光武，芮盛楷. 辩证唯物主义历史唯物主义. 北京：北京大学出版社，1992:144-147.

第二章

Architecture 的本义与流变

一、房屋—建筑

房屋建筑是人类文明的标志，"白云生处有人家"，有人家就有房屋建筑，房屋建筑是人工环境的主体，包容、支撑、维护人类的生存和活动。

古往今来，房屋建筑的形态不断变化，类型和等级无限多样。房屋建筑的性能多元、多层面、多维度；其定义、用途、功能、价值因人而异、因时而异、因地而异，并非固定不变。

建筑比房屋多出一些东西，多一些超越实用的东西：包括精神层面的、心灵的、记忆的、文化性的、宗教性的、伦理教化的、象征性的、交流的、表意性的元素，或多或少，可多可少。

除了实用功能，从原始时代开始，人为各种的人造物：服装、用具、工具、兵器、礼器、玩具、饰物等，都加上能吸引视觉、触觉、听觉注意，并感到愉悦、快乐的处理和措施。从最原始的时代到今天，"好用"与"好看"，始终是人对所有人造物的两个基本的要求，也是基本的处理方针。

这就有了具有艺术性（在今人看来）的用品，房屋是其中的一项。过了很久很久，才出现无实用目的的专门艺术和艺术品。

朱光潜谈到三个不同的人看树时抱有不同的观点，"假如你是一位木商，我是一位植物学家，另外一位画家，三人同时来看这棵古松……可是三人所'知觉'到的却是三种不同的东西。你脱离不了你的木商的心习，你所知觉到的只是一棵做某事用值几多钱的木料。我也脱离不了我的植物学家的心习，我所知觉到的只是一棵叶为针状，果为球状，四季常青的显花植物。我们的朋友——画家——什么事都不管，只管审美，他所知觉到的只是一棵苍翠劲拔的古树。我们三人的反应态度也不一致。你心里盘算它是宜于架屋或是制器，思量怎样去买它、砍它、运它。我把它归到某类某科里去，注意它和其他松树的异点，思量它何以活得这样老。我们的朋友却不这样东想西想，他只在聚精会神地观赏它的苍翠的颜色，它的盘屈如龙蛇的线纹以及它的那一股昂然高举、不受屈挠的气概。"

"由此可知这棵古松并不是一件固定的东西，它的形象随观者的性格和情趣而变化。各人所见到的古松的形象都是各人自己性格和情趣的反照。古松的形象一半是天生的，一半也是人为的。极平常的知觉都带有几分的创造性，极客观的东西之中都有几分主观的成分。"

朱先生的结论："美也是如此。有审美的眼睛才能见到美。"[1]

二、中文"建筑"如何与 Architecture 挂钩

在我国古籍中，"建筑"与"筑建"两词原来都是动词，表示建造、构筑的行为。后

来，"建筑"一词又用来指称"建筑"和"筑建"行为的成果，即房屋。于此，"建筑"有了两层意思，一指建造的行动，二指房屋。

到 19 世纪末，中文"建筑"一词又添加了第三个含义，即 "建筑学"的"建筑"。中文"建筑"由此成了有三种含义的多义词。

在英语中，"建造"、"建筑物"和建筑学的"建筑"分别有三个不同的词：construct、building、architecture，三者区别明显，不会闹混。法语、德语等也分别用不同的词。

而我们遇到中文"建筑"一词时，须得辨清当时当地该词表达的是哪一种意义。譬如，有人说他从事建筑，我们要问："您是造建筑的，卖建筑的，还是设计建筑的？您在建筑公司任职，还是在大学建筑系教书？"因为建筑施工队、建筑公司、建筑设计院、建筑系、建筑学院、建筑学会等，都用同样的"建筑"一词。

多义词很多。"建筑"有多种含义，日常使用稍有麻烦，却并无大碍。但在学理探讨时，词语含义要有明确界定。就"建筑"一词来说，至今还没有公认的清楚界定。

汉字"建筑"与 architecture 挂钩，是相当晚的事，也非认真研究、仔细斟酌的结果，其间还有一些随意性。

事情发生在近代的日本。

日本近代先向荷兰学习。18 世纪，日本人编印《兰和辞典》（荷兰语—日语辞典）时，编者遇到荷兰语中表示砌筑石墙的"bouwen"，和夯筑土墙的"metzelen"，都指造墙的行动，便将汉字"筑"与"建"合为"筑建"，作为译名。

到 19 世纪，日本转向英国学习，编印《英和辞典》时，遇到了英文词 architecture。编译者们不明白这个英文词的意思，又找不出对应的日语和汉字，便查看荷兰人是怎样翻译这个英语词的，他们从荷兰人印的《英荷辞典》中，看到与英语 architecture 对应的荷兰词是 bouurkunde。日本编译者未弄清楚这个荷兰字的确切含义，认为 bouurkunde 与从前翻译过的荷兰词 bouwen 有关，《兰和辞典》已把 bouwen 译为"筑建"，此时未作深究，灵机一动，便而把"筑建"的次序对掉，用"建筑"作为英语 architecture 的日文译名。

这显然不妥。后来，到西方专门研习 architecture 的日本人发现了问题，认为将"筑建"颠倒得来的"建筑"，未能传达出 architecture 的本意。日本近代著名建筑学者伊东忠太提出，应将 architecture 改译为"造家术"，还成立了"日本造家学会"。然而，"建筑"一词用了多年，更改不易。最后，当局还是规定将"建筑"作为 architecture 的译名。1897 年日本"造家学会"更名为日本建筑学会；东京大学"造家学科"也改为"建筑学科"。

清同治五年（1866 年），中国出版的《英汉辞典》（比日本《英和辞典》晚 4 年）对 architecture 所作的中文解释是"工务匠、造宫之法、起造之法"，较日本人的译名接近原意。

清朝末年，中国引进许多日本人用汉字翻译的西文字词，如"历史"、"辩证法"、"科学"、"手续"、"概念"等。字是汉字，词却是日本人造的。

1902 年（光绪二十八年）清政府筹办京师大学堂，一切按日本章程办理，日本大学章程用的是汉字，不需翻译。京师大学堂工艺科仿效日本设置学科："一曰土木工学，二曰机器工学……六曰建筑学……""建筑"这个词就作为 architecture 的汉语译名来到了中国。

有学者认为"建筑"一词中国古已有之，并非源自日本。这是正确的。不过，将"建筑"作为 architecture 的译名，令二者对应起来，19 世纪日本的辞书编辑是始作俑者。

从那以后，中文"建筑"就有了三个有关联又有明显差异的含意：一，建造活动；二，房屋；三，表示 architecture。

20 世纪 50 年代，有一阵子，清华大学有一个"工业与民用建筑专业"，建筑两字清清楚楚，但这个专业却不在建筑系，而在土木系。把前来报考的中学毕业生弄糊涂了。

问题出在汉语"建筑"一词身兼三职。而在几种欧洲语言中，"房屋"，"施工"和"建筑"都是分别用三个不同的词。（英语：building-construction-architecture；法语：batiment-construction-architecture；德语：gebude-konstruktion-architektur）。

中国建筑学会会刊名《建筑学报》；北京一份为施工工人办的刊物《建筑工人》；上海的建筑行业报刊《建筑时报》，中文都用"建筑"，而这三份刊物的英文译名分别是：*Architectural Journal*，*Builders' Monthly*，*Construction Times*，三个刊物的英文刊名分别用三个不同的词。外国人明白，中国人可能奇怪。

三、Architecture 的译名问题

人们无法从字面上看出"建筑"与"architecture"本意的关联。将这个外来词汇译成中文"建筑"，遮蔽了 architecture 的本义。

不要责怪百多年前日本《英和词典》的编译者。中国历史上有 architecture 的实践和成就，但汉语中并无与 architecture 对应的现成的词。一时之间，要用两、三个汉字组成一个新词，准确地传达出 architecture 的本意，难哉！不然，为什么从 19 世纪中期到今天，一百多年过去了，无论日本人、中国人，都没有给 architecture 找出一个信、达、雅的汉字译名呢！

好在学者们对 architecture 的本义已经作出了正确的诠释。

梁思成先生有一篇论文，题目是《建筑⊂社会科学∪技术科学∪美术》[2]。题目中的"⊂"表示"包含于"，∪表示"结合"。文章标题指明"建筑"与社会科学、技术科学及美术三者都有关联。梁先生在另一篇论文《建筑和建筑的艺术》[3]中称"建筑"（architecture）是"一门复杂的科学——艺术"，文章中有一节专门讨论建筑的艺术性。

美国 VNR 出版公司出版的《建筑图像词典》对 architecture 的解释是："设计与建造房屋的科学与艺术，它从历史的开端就伴随着我们，并继续作为我们生活的一个活跃的和基本的部分。"这本词典被译成七种语言，可见很受欢迎。[4]

中外专家的意见一致或相近，都认为 architecture 内容多样而复杂。亚里士多德把学术划分为三大门类：理论的学术，实用的学术和制造的学术。现在的 architecture 中包含自然科学、人文社会科学、工程技术及艺术创作，多种学科多类技艺都融合在里面，内容愈来愈多样，愈来愈丰富，成为具有多元性、交叉性、多层次性的学术技艺集群。

四、古希腊人的 Architecture

20 世纪 50 年代，梁思成先生告诉学生，architecture 这个词源自古代希腊，由 archi 及 tecture 合成，archi 的意思是首要的、高级的；tecture 由希腊文 techne 变来，指的是"技艺"。architecture 的原意是"首要的技艺"或"高端技艺"。

英国学者科林伍德（R. G. Collingwood, 1889—1943）说："在希腊人和罗马人那里，没有和技艺不同而我们称之为艺术的那种概念。我们今天称为艺术的东西，他们认为不过是一组技艺而已"。"希腊语中的'技艺'，指的是诸如木工、铁工、外科手术之类的技艺或专门形式的技能。"[5]

美国建筑学家肯尼斯·弗兰姆普敦写道："古希腊的'技艺'（techne）……源自另一希腊词'提克多'（tikto），含义是制造。在'技艺'中艺术和技术并存，两者在古希腊人眼里并无什么区别。"[6]

事情很清楚，古希腊时代的 architecture 指的是"高级技艺"或"高端技艺"。

中国战国时期思想家庄子（约公元前 369—前 286）说："能有所艺者，技也。"

（《庄子·天地》）这一观点也将"艺"与"技"联系在一起，指明两者的关系。庄子的看法与古希腊人不谋而合，值得重视。

古希腊人建造过一些十分精美的建筑物，主要是神庙和纪念性建筑，还有剧场和运动场。公元前 450 年前后，雅典卫城上建成一组极其精美的大理石建筑物。最大最重要的是帕提农神庙。这座长方形的神庙底部为长约 70 米、宽约 31 米的基座，周围立有 46 根石柱。神庙内外墙面有许多浮雕装饰。人们从神庙遗迹上，还可以看出当时希腊匠师高超精妙的建筑技艺。例如，神庙基座长 31 米的短边，中间略微向上凸起，最高处升起 6.63 厘米。为什么呢？这是为了纠正视觉误差，因为，如果基座做成绝对平直的水平面，人们看起来会有一种错觉：仿佛中间部分段微微"塌腰"。神庙檐部的水平线也有相似的处理。人们发现神庙四角的四根角柱比其他柱子略微粗一些。这是因为转角处的柱子如果和别的柱子同样粗细，在天空背景衬托下，看起来会显得稍细。帕提农神庙柱子的中心线也并非完全垂直，而是向中微微斜倾。中国古建筑也有类似的处理，称为"侧脚"。"侧脚"有利于结构的稳定。有的专家计算，如将帕提农神庙所有柱子的中心线向上伸延，它们会在距地面 1.6 公里的空中会合。总之，帕提农神庙的造型恢宏、精致、庄重、秀雅、美轮美奂，千百年来被公认是世界建筑史上的瑰宝。

在两千多年前的希腊，还有比建造帕提农神庙更重要、更高级、更艰难的任务吗？没有了。建造神庙运用的是那个时代最高级、最精细、最尖端的技艺。在希腊文中为 ΑΡΧΙΣΚΤΟVΙΚΝ，拉丁文为 architektoniki，英文为 archi-tecture，帕提农神庙是那么高级、精细、精美。那么，当时一般希腊人的住房是怎样的呢？

长期以来，人们的注意力几乎全被希腊神庙的精彩辉煌所吸引，相比之下，学者们对古希腊人一般住房的研究和了解不多。仅见的一些著述透露的情况是，当时雅典人的一般住房相当简单，甚至简陋。

一位美国学者对当时雅典的住房做过如下描述：

"由卫城放眼望去，可见一片低矮的平房屋顶，看不见一根烟囱……街道只是小巷和里弄，狭窄而弯弯曲曲，在紧紧相连的由泥砖砌成的低矮房屋之间，蜿蜒而去。雨后穿行城区意味着要从泥浆中涉水而过。家庭所有垃圾随意扔向街道，没有排污系统，也没有清扫系统。当炎热的夏天来临，位于南方的雅典自然无卫生可言。"

"希腊房屋无任何便利设施可言。所谓的烟囱只是在屋顶上开个口子……冬季来临，房子里穿堂风肆虐……由于没有窗户，楼下房屋都得依赖通向中庭的门来采光。到夜晚，唯一可以得到的照明系统便是一盏昏暗的橄榄油灯。取水则由奴隶从附近的泉水和水井处担来……房屋的内墙有可能粉刷过，而外墙即便也粉刷过，但很快就会剥落下来，露出泥砖。住房的简陋和缺少装修与希腊匠人制作出的精美家具形成了鲜明的对比。"[7]

一位英国学者写道："古希腊人的居室一般是简陋的。所以，在古希腊，至少是在公元前 5 世纪至 4 世纪的雅典，在至今令人神往的美轮美奂的神庙建筑旁边，竟是一些简陋而杂乱不堪的民房。住宅的外面通常是一道粗墙，房屋用日晒砖建成两层，室内的墙壁只用灰泥涂抹一遍，然后外面再加粉刷。窗户非常少……穷人家的地面是压实平整的泥土，有钱人铺上石板，地面上铺上草垫或地毯，供人们休息用……男人和女人在室内都光着脚。"

"当时的居住区街道狭窄。由于房门向外开，所以人们进门不必敲门，出门反而要敲门，以免碰伤行人……底层房间的阳光和空气只能通过门进来了。"[8]

这样的差异一点也不奇怪，自古到今，任何时代，任何地方，房屋建筑都存在明显的、巨大的差异，从无例外。

古希腊的神庙、剧场、竞技场等重要的建筑具有宗教的、政治的和公共的意义，要求高、难度大、用料贵重，必须运用当时顶尖的建造技艺。至于一般希腊人住用的房屋，有一般的技艺（techne）就够了，不属于 architecture 的范畴。

世界各地历史上的建筑杰作，都不外乎是神庙、寺院、教堂、宫殿、陵墓、官府、宅邸等。在很长历史时期中，只有这些建筑物有需要也有条件讲究质量、注重形象。Architecture

就是在建造这些高等级的建筑物的实践中形成和发展起来的。

过去北京老百姓盖房子，请来几位木匠、泥瓦匠和裱糊匠就行了。皇家建宫殿、坛庙、陵墓是另外一回事，要有高水平的专业班子。清代的"样式雷"就是皇家御用的专业班子，那里的匠师技艺超群，中国水准最高的传统 architecture 掌握在他们手里。普通百姓住的房屋，有草根、山寨工匠就够了。

从古至今，世界一切地方的房屋都是分等分级，好坏优劣不可同日而语，上优下差，成金字塔形。Architecture 本来只涉及位于塔尖的少数建筑物，后来范围渐渐扩展，但至今也未全覆盖。

一般讨论建筑问题时，"房屋"与"建筑"两词混用并无妨碍。但在严格的学术讨论中，应该达成共识，承认两者的差别。正如摄影作品与普通照片，烹饪艺术与日常做饭有差别一样，以免概念不一致，白费口舌。

五、演变

1671 年，法国国王设立建筑学院，培养高水平的建筑设计专家（architect），专门给宫廷和贵族建造"伟大风格"的建筑物。宫廷建筑师不允许接受宫廷之外的委托。欧洲各国王室纷纷仿效，推动和提升了西方近世的 architecture。

最近二百年中，architecture 的含义和边界有了重大而且显著的变化。西欧各国资产阶级革命后，政府和资产阶级成了建筑师的主要服务对象。1850 年，英国人口总数在 2 000 万人左右。资产阶级和当时的中产阶级约有 150 万人，他们取代昔日的君王、教会、贵族和地主，成为主要的房产主和建筑订货人。这个时候，建筑师和其他艺术家们一样，摆脱了对宫廷、贵族和教会的依附关系，成为"自由职业者"。他们可以自由地为出得起钱的任何人工作。

经济活动方式起了变化，建筑承包商把施工业务包走，建筑结构和建筑设备方面的设计任务由专门的工程技术人员承担。建筑师专做建筑设计，从方案开始，负起总责，协调和处理各种矛盾，建筑师要具备造型能力及多方面的素养，才能创造令业主满意的建筑形象。过去那种通过师徒承传、耳濡目染在劳作中培养的"工匠建筑师"（craftsman architect）不足以担当新时期的新任务，受过专门教育的专业建筑师（professional architect）出现了。

严格意义上的新型建筑师的出现是 19 世纪的事。1834 年，在最早发生产业革命的英国成立"英国建筑师协会"，后来更名为"英国皇家建筑师协会"（Royal Institute of British Architects，RIBA）[9]

19 世纪 30 年代以前，新型建筑师在美国还比较少见。费城、纽约、波士顿的大多数房屋由营造商一手承建，建造一般房屋不用图纸，遇到复杂的建筑，才找"打样师"即绘图员（draftsman）画几张图。

有位在英国接受建筑教育后回美国的建筑师，于 1864 年出版的自传中记述当时纽约建筑业的情况：

"我于 1832 年 4 月 14 日到纽约，原想在大城市中容易按我的专业找到工作，但是我发现大多数人都弄不懂什么是专业建筑师。营造商们，他们本人是木匠或泥瓦匠，都把自己称为建筑师。在那时候，有的业主要看建筑设计图，营造商就雇个可怜的绘图员画几张图，付给他一点点钱。当时纽约大约只有半打绘图员，这样搞出的图纸其实没有多大用处。要盖房子的人一般是先看中一个合乎自己需要的建成的房屋，然后与营造商讨价还价，让他们给自己照样造一幢，也许按业主提出的需要做若干改动。但是这种做法不久就改变了。改成业主先去雇个建筑师，然后才去找营造商。按照这个新办法，建筑的风格很快有了改进。严格地说，当时纽约只有一个建筑师设计事务所。"

19 世纪中期，美国还没有现代意义上的建筑院校。要进入这个职业领域的人一般要到建筑师事务所或营造厂中边工作边学习，还得交学费。

此后 Architecture 的服务面不断扩展。1857 年美国建筑师学会（The American Institute of Architects，AIA）成立。以市场为中心，新的建筑类型大量涌现：大企业、大公司、大银行的总部、新式的商场、剧院、学校，新的工业、交通、居住建筑等。新的建筑类型需要采用新的材料技术和新的做法，就需要探索，需要创造。Architecture 与时俱变。有些建筑技术，如结构和设备，由经验提升为科学，工程技术人员分化出去，自立门户。同时又有新的任务和学术，如城市规划，加入进来。Architecture 的内涵和边界，建筑师的职能、身份、知识结构、专业重点都持续变化。

受过高等教育的作为自由职业者的新型专业建筑师，与往日的"工匠建筑师"、"教士建筑师"、"宫廷建筑师"有很大差别。

这种局面是世界经济发展、科技进步、社会财富增长的结果，既表现建筑学科的升格，又体现 architecture 走上多元化、普及化和民主化的轨道。

但是，也有负面或消极的变化。从最初起，人类的造物活动就同精神活动广泛联系，结合紧密。建房起屋之事在很长的历史时期中带有神秘而神圣的涵义，因为房屋建筑不只是维护人生命的设施，也是人的心灵家园。而到近代，生产方式和生活方式发生重大改变，许多素受尊崇的观念被消除了。建筑越来越偏重于处理物质性的问题，人文内涵趋于淡薄。现代建筑师创造了与历史传统大不一样的建筑艺术。城市和建筑的面貌改观，而且不断地迅速地改变。

源自古希腊的 architecture，其目的、涵义、性质及范畴，在近现代发生了复杂、深刻和持续的改变。

六、约定俗成

作者曾将汉语"建筑"一词三用的情况告诉建筑学院的学子们，他们一听便嚷叫起来，一致主张将"建筑"二字专门划给 architecture，其他地方不要再用。

这很痛快，但难以实现。

语言现象非常复杂，有学者提出过语义演变的规律，但多数人认为词义的变化是因特定语境的习惯用法而产生的，改变必须依赖社会成员的共同意向。因而语义的演变可以说没有规律。中国战国时代的思想家荀子早就指出："名无固宜，约之以命。约定俗成谓之宜，异于约则谓之不宜。"（《荀子·正名》）"建筑"含义的分化、细化和改变要有广大群众的支持，必定是一个漫长的过程。

译名问题也不是大不了的事，遇到麻烦，多用些笔墨，多费些口舌也能把意思交代清楚。目下的做法是根据事情的性质和特点，视不同的场合和语境，在"建筑"的后面加上不同的后缀，如建筑物、建筑业、建筑学、建筑设计、建筑技术、建筑施工、建筑构造、建筑艺术，建筑功能等，便可解决问题。

细想起来就会发现，如今大家谈到房屋建筑时，用语已经出现若干变化。人们对房屋建筑的叫法，出现了区别对待的趋势。如把普通的房屋称"房屋"，而把重要的、特殊的"房屋"称为"建筑"。很少听见有人把天安门、天坛、人民大会堂、国家体育场、国家大剧院等称作"房屋"，而是管它们叫"建筑"。

许多"建筑队"改名"施工队"，房屋施工的专业人员有了正式的职业称号："建造师"。显示"建造"和"建筑"的含义有了区别。事情正在起变化。

本来，同类事物常因等级质量的不同而有不同的名称。如，一般家庭煮饭烧菜叫"做饭"，制备酒席佳肴称"烹饪"；一般人写字就叫"写字"，高手的书写称"书法"；一般人唱歌叫"唱歌"，歌唱家唱歌曰"歌唱"；人人会照相，大众拍出的是"照片"，摄影家拍出的是"摄影艺术作品"。

"房屋"与"建筑"的差别与这些事情相似。"房屋"与"建筑"有差别,差别是相对的,两者之间存在模糊的过渡,不存在明确的、固定的界线,也属于有区别无界线状态。我很希望"建筑"与"房屋"早些分化开来。至于 architecture,现今常被译成为"建筑学",有时也译成"建筑艺术",相信渐渐会达成共识。

术语出现麻烦,是常有的事。在艺术和文科领域更是多见。早有人指出,"文学术语,特别是那些表示范畴和创作模式的术语,常常需要修正和更新。它们会慢慢变得陈旧,它们的运用范围会变得宽泛,或是受到歪曲,其原因多种多样,或是由于每位运用者过于主观、随意,或是由于某个特定历史时代那种特殊趣味的缘故。"

这些看法有益于我们对建筑术语的认识。[10]

1　朱光潜. 谈美. 开明出版社 , 1994:6.

2　梁思成. 梁思成文集 : 第四卷. 北京 : 中国建筑工业出版社 , 2001.

3　同上.

4　Francis D.K.Ching. A Visual Dictionary of Architecture. 1995. 中译本 : 建筑图像词典. 中国建筑工业出版社 , 1998.

5　科林伍德. 艺术原理. 中国社会科学出版社 , 1985:6.

6　肯尼思·弗兰姆普敦. 建构文化研究. 王骏阳 , 译. 中国建筑工业出版社 , 2007:23.

7　Breasted J. H.. The Conquest of Civilization. 中译本 : 走出蒙昧 , 下册. 周作宇 , 等译. 江苏人民出版社 , 2010:431,432.

8　Hoffman S. The Origin of European Civilization: Hellenis. Oxford Press, 1984. 中译本 : 欧洲文明的起源——希腊艺术. 第四章 : 古希腊人的的真实生活. 中国电影出版社 , 2005:158-159.

9　Autobiography of James Gallier, Architect. 1864. 转引自 T.Hamlin. Greek Revival Architecture in America. 1944:140.

10　菲利普·汤姆逊. 论怪诞. 孙乃修 , 译. 昆仑出版社 , 1992:14.

罗马圣彼得大教堂内景速写，吴焕加，1980

第三章

建筑的基体：土木工程

一、建筑工程

远古人类就已制作容器，容器含内部空间，有相当的强固性，可以盛水储物。从某种角度看，房屋也是一种人造的容器，用来容纳人及人的活动的特殊容器。房屋与一般容器的差别在于：（一）体量远大于一般的容器；（二）房屋立于天地之间，要能够抵御自然界的风雨雪雹、温度变化，以至地震、地陷等自然力的破坏，还有敌人和野兽的侵袭；（三）坚固耐久，人的身家性命托付给房屋了，绝不能像骨器、瓷器那样容易毁损。因而，建造房屋之事自古都是一项艰巨而又严肃的任务。

有足以容人栖身的内部空间，房屋才成为房屋。物理空间属于宇宙，既不能增加也不能减少；所谓室内空间或建筑空间，是人在无限的自然空间中，用一些阻隔物或标示物圈隔出来的、有遮蔽或半遮蔽的空间，有人称之为"虚体"。

大型房屋包含多个大小不等、形状不一的室内空间，包括大小房间、厅堂、过道、走廊、门厅、楼梯间、设备间等。

现代建筑学者强调房屋内部空间的重要性，称它为建筑的主角，这是有道理的。但是，房屋的实体部分，如墙体、立柱、楼板、屋顶等的重要性也不能忽视。房屋的空间和实体是统一物的两个方面，两者相互矛盾又相互依存。没有实体，就没有房屋的内外空间。古代建筑实体粗壮，现代建筑实体轻巧薄透，突出了建筑空间的角色，但实体不可或缺。

我国学者常常引用《老子·道德经》中的话，说明房屋空间的重要。先前的《老子》版本中写到："埏埴以为器，当其无，有器之用。凿户牖以为室，当其无，有室之用"，认为中国先哲也特别强调"无"（即空间）是房屋有用性的关键。

1973 年 12 月长沙马王堆三号汉墓出土的帛书中，有《老子》文本。其中，几个句子的末尾有"也"字。据此，张松如指出，《老子·十一章》的原文是：

"三十辐同一毂，当其无有，车之用也。埏埴以为器，当其无有，器之用也。凿户牖以为室，当其无有，室之用也。故有之以为利，无之以为用。"

张松如认为，"无有"二字连读，与"上下"、"前后"、"左右"等词类似，"无有"也是对立统一之二名。"无有"相当于"虚实"，指房屋的空间与实体是统一物的矛盾的两个方面，二者相反相成，缺一不可。十一章最末两句："故有之以利，无之以为用"，进一步指明"无"与"有"两方面的对立统一，相反相成，才有可以利用的房屋。

20 世纪前期，多位建筑理论家强调建筑空间的重要性，对建筑物的实体有所忽视。美国建筑家文丘里提出异议，认为应同时注重建筑的实体与外观。

形成建筑空间，必须要有建筑实体，建筑实体要用物质的东西来构筑。建造房屋，先得有土地，这是前提；接着的问题是建筑材料，无论是围合、覆盖、区隔空间都要用物质材料。比起制作一般的容器，房屋用料的数量多而大。早先，世界各地的人都用容易到手的材料造屋，如天然状态的泥土、石块和植物，拼搭简易的棚屋。其后，用石用木的技术提高，又有了经火煅烧的砖、瓦和石灰，房屋的质量随之显著提高。以木、石、砖、瓦为主要建筑材料的时期持续了数千年。19世纪工业革命以后，铁、钢、水泥、玻璃等工业制备的新材料大量用于房屋之中，促成房屋建筑业新的跃进。

建筑材料的种类和品质对房屋质量的好坏，至关重要。所以，人们判别房屋质量时，首先看它用的主要材料是什么：是草房还是木屋？是砖墙还是石墙？用石灰还是水泥？有没有钢材？材料之外，还看设备如何。

古往今来，无论在哪里，造房子都要花很多钱。无论政府、机构还是私人，造房子和买房子都是大事，需要高投入。

花钱最多的是工程费，我们看一个小的实例。2006年，上海某处造一座3 619平方米建筑面积的五层商业办公楼，除去地价，建筑总造价为1 139万元。其中，（一）建筑工程费占67.5%；（二）安装工程费（包括电气、给排水、消防、弱电）占10.3%；（三）室外工程费占2.1%；（四）装修工程费占20.1%。[1] 建筑造价的绝大部分用于材料、设备和施工费。

上述造价不包括设计费。建筑师、工程师拿多少设计费呢？建筑设计收费与建筑工程总造价挂钩，各国比率不同。现今我国设计费一般相当于总造价的3%左右。上述五层的商业办公楼的设计费，包括建筑、结构、水、电各专业在内，总设计费为34万余元，少于工程造价1 139万元的零头。

建房费用的构成从一个侧面表明，房屋建筑首先是一个实实在在的物质存在。这个物质存在是人为了某种需要而进行的土木工程活动的成果。它是建筑功能、建筑形象、建筑学、建筑艺术、经济价值等的起点和基石。换言之，建筑的基体是土木工程。

二、建造技术：从经验到科学

建造技术有许多方面，最要紧、最关键的是结构技术。

组成房屋的部件有承重和非承重之别。承重部件支撑房屋自身的重量及受到的外力。房屋中的承重部件相互连结，共同作用，组成结构体系，即房屋的受力系统，它与人体的骨骼体系类似。房屋结构有的从外面可以看出，如柱子、外承重墙等；有的隐藏起来，从外面看不见，如天花板后面的屋架，被遮挡的柱子等；也有看似承重构件而实际不承重的，如故意装的假柱子、假"牛腿"。

结构体系如人的骨骼体系，重要性不言自明。建造小的普通房屋好办，建造跨度大、层数多的房屋，结构是个重要问题，常常是拦路虎。世界建筑史一个重要方面和主线之一就是房屋结构技术的进步史。

造一栋房子，墙需要多厚，柱子要多粗，梁能做多长，楼板能承受多少重量，房子能抗几级地震、耐多大风力……如今，都是结构科学研究的问题，是结构工程师处理的事。

在古代，没有结构科学，没有专业的结构工程师，却造出了至今仍让我们惊异不止的宏伟建筑物，当时是怎么建造的？

那时候，人们主要靠经验，靠摸着石头过河。

古代房屋类型不多，变化少且慢。宫殿、坛庙、陵墓等少数重要建筑物，建造时几乎不计工本，工期很长。匠师凭着先辈传下来的知识与技能，照老规矩、老方法办事。祖辈的知识和技能从哪里来？来自实践经验。古代工匠掌握的结构知识，其性质是感性认识，是经验的积累。这一类知识没有深入结构工作的本质，大都知其然不知其所以然。如果遇到没有先例的难题，就摸索着干，试试改改，塌了重来。

木梁、石梁的使用很早。关于梁的性质，我国古籍《墨经》中说："衡木加重焉而不挠，极胜重也。若校交绳，无加焉而挠，极不胜重也。"[2] 这是把木梁同悬索加以比较，指出

古代希腊神庙型制的起源和演变（Hendrik W. Van Look, The Arts of Mankind, 1938）

木梁有抗挠曲的性能。这也许是世界上最早的论及梁的力学性质的文献，是对现象的描述。

世界上许多民族早就会用砖拱和石拱结构，但古人对拱的认识，长时期是知其然不知其所以然。古代阿拉伯人对拱券的理解很有意思，他们说"拱从来不睡觉。"古罗马时期多用拱券结构，古罗马的大浴场和斗兽场就是卓越的例子，但当时人们并不了解拱券的力学原理。到欧洲文艺复兴时期，达·芬奇（1452 — 1519）对拱的工作原理的解释还是："两个弱者互相支撑，成为一个强者。这样，宇宙的一半支撑在另一半之上，变为稳定的。"这些都是从外部对拱结构所作的感性描述、揣度与比喻。

历史上的实际工程中，拱石的大小、形状，都以安全建成的石拱为样本。人们把那些石块的形状、大小用文字和数字记下来，传授给后人。15 世纪意大利人阿尔伯蒂（L.B.Leon Battista Alberti, 1404 — 1472）在他著作《论建筑》中这样规定石拱的尺寸：拱券的净跨度应大于桥墩宽度的 4 倍，小于其 6 倍，桥墩的宽度应为桥高的 1/4。石拱券的厚度应不小于跨度的 1/10 等。

欧洲中世纪的哥特式教堂用细小的石材、瘦削的柱子和拱架，造出高大轻灵的室内空间，技艺惊人。有人指出，哥特式教堂几乎有一半在建造过程中倒塌，它们是冒着风险造出来的。

中国清朝工部颁布的《工程做法则例》对 27 种建筑物各个部分的尺寸做了详细的规定，如一般房屋屋檐下的木柱的高度等于两根柱子间距离的 4/5；柱径为柱高的 1/11；第二排木柱的直径为檐柱直径加一寸；最粗的柱子为檐柱直径加二寸等。

以今天的标准看，历史上留下来的建筑，其构件的尺寸是按这类笼统的法则和规定的尺寸定的，它们不违反力学原理，但一般尺寸偏大，用料偏多，也就是安全系数很大。古代建筑物能够屹立至今的，往往就是由于它们安全系数大，有很大的强度储备。

中国和外国的古代建筑法式、制度中包含着大量的这类规定和法则。它们的好处是容易被记住，便于师徒传承。再进一步，这类规范化的经验又被定为硬性的法式制度，一方面可以保证建筑物的质量和安全，一方面又对建筑创新起着约束的作用。

从古代埃及算起，建筑有四千多年的历史，到最近的二百年，建筑业的状况才逐渐发生重要改变。

这是工业革命带来的变化。在西欧和美国，工厂、铁路、桥梁、多层和大跨度房屋雨后春笋般建造起来。建筑物规模愈来愈大，功能要求和技术日益复杂，提出了许多没有先例可循的课题。而且，市场经济条件下，投资者、业主与奴隶社会、封建社会的房屋业主完全不同。新时代的业主追求利益最大化，不允许担着风险走着瞧的干法，不能容忍浪费、低效、拖拉和失败，他们要求在建筑工程实施前周密策划，精打细算。事先的结构分析和计算因此受到重视，成为重要工程设计时必需的步骤。在缺少可靠的理论和适用的计算方法时，要做一些可能的实验。这一切给结构力学及其他建筑科学技术的发展提供了巨大的推动力。

拿破仑是东征西讨的武夫，战功了得。1804 年他当了法兰西皇帝；1809 年，这位赳赳武夫竟亲自出席法兰西科学院的科学报告会，对薄板振动问题表示关注。因为有争论，拿破仑向科学院建议，悬赏征求薄板振动理论的数学证明。不是拿破仑自己对力学有什么偏好，而是当了资产阶级国家的皇帝，他要推动科学家为法国的工业化服务，争取赶上英国和美国。

恩格斯指出，在封建社会，"科学只是教会恭顺的婢女，不得超越宗教信仰所规定的界限，因此根本就不是科学。"而进入资本主义时期，"资产阶级为了发展它的工业生产，需要有探察自然物体的物理特性和自然力的活动方式的科学……资产阶级没有科学是不行的。"[3]

最先推动力学和结构科学发展的不是建筑业，而是 19 世纪前期的造船业和铁路建设。

19 世纪的铁路桥是工程建设中最困难、最复杂的一部分。在铁路出现后的 70 年中，英国建造了 2 500 座大小桥梁。有的建造在宽而深的河流和险峻的山谷，桥的跨度不断增大。早期的铁路桥梁史上，记载着一系列工程失败的记录。

1820 年，英国特维德河上的联合大桥在建成半年后垮了。1878 年，英国泰河上的铁路大桥通车一年半后，一列火车在大风中通过时，桥身突然断裂，连同列车一起坠入河中。失败教育了人们：必须深入掌握结构的工作规律，把隐藏在材料和结构内部的受力状况准确地揭示出来。

要做到这一点很不容易。17 世纪初，由于造船业的需要，伽利略（Galileo Galilei，1564 — 1642）对材料和结构进行力学研究。1638 年出版的他的著作，标志着用力学方法解决结构计算问题的开端。可是即便是弄清一根简支梁的力学性质，也经历了长期曲折的探索过程。

在伽利略时期，人们还不了解应力与变形之间的关系。1678 年，虎克通过科学实验提出变形与作用力成正比的虎克定律，提出梁的弯曲概念，指出凸面上的纤维被拉长了，凹面边上的纤维受到压缩。

1680 年，法国物理学家马里奥特（Mariotte，1620 — 1684），研究梁的弯曲，考虑弹性变形，得出梁截面上应力分布的正确概念。随后法国的拔仑特（A.Parent，1666 — 1716）指出梁上存在着剪力，提出从一根圆木中截取强度最大的矩形梁的方法。又过了 60 多年，法国的库伦（Coulomb，1336 — 1806）提出计算梁的极限荷载的算式。他提出的梁的计算方法，过了 40 多年才受到工程师们的重视。19 世纪前期，研究者把弹性理论引入梁的弯曲研究中。法国工程师纳维埃（Navier，1785 — 1838）数度提出错误的看法，后来纠正错误，找出使结构保持弹性而不产生永久变形的方法。到 19 世纪中期，一般结构中梁的理论和计算方法，臻于成熟。

从伽利略的时期算起，到 19 世纪结束时，250 年中经过大约 10 代人的持续努力，人们终于掌握了一般结构的基本规律，建立了相对成熟、能用于建设实践的结构计算理论。

三、结构科学与建筑

把结构科学的成就运用于建筑设计，开始的时候遇到阻力。请看下面的几幕。

罗马圣彼得大教堂的大穹顶建于 1585 —1590 年，是米开朗基罗设计的，当时主要着眼于建筑艺术效果，至于圆顶的结构、构造和尺寸全凭经验估定。穹顶落成不久就出现裂缝，到 18 世纪，裂缝愈来愈明显。人们对裂缝的原因议论纷纷，莫衷一是。

于是请来三位数学家研究这个事故。三个人爬上爬下，先对裂缝作详细的测绘，又对缝的大小作不同时间的观察。他们否定了裂缝是由于基础沉陷以及柱墩断面不够大的猜测，认为是穹顶上原来安装的铁箍松弛了，挡不住圆穹顶向四周撑开的力量。数学家计算的结果是，大穹顶有大约 1 100 罗马吨的推力没有得到平衡，结论是在穹顶上再多加铁箍。

"什么！如果有 1 100 吨的差额，穹顶就根本盖不起来！""米开朗基罗不懂数学，造成了这个穹顶，我们不要数学家的数学，肯定也能修好它！""上帝否定计算的正确性！"

怀疑和非难如此强烈，他们又请来一位著名的做过工程的教授。教授研究之后说数学家错了，按他们的算法，整个穹顶连柱墩早就翻了，这怎么可能！教授认为穹顶裂缝是地震、雷劈等外力作用，加上施工质量不好、力量传递不均匀造成的。不过教授的修补方法还是多加铁箍。于是，圣彼得大教堂的穹顶在 1744 年又加了五道铁箍。

实际情况是，当时的力学还无法对拱壳作出正确的分析，那三名数学家的计算建立在错误的假设之上。尽管没有成功，但他们的工作在建筑发展史上是有意义的。16 世纪由建筑艺术大师从艺术构图和经验出发设计的大教堂穹顶，到 18 世纪受到科学家和工程师的检验，这件事本身预示出建筑业即将出现重要的变革。此后，解决重大建筑工程问题，先要运用数学和力学进行具体的分析及计算，不能再单纯依赖经验、法式和感觉办事。

然而，数千年形成的观念和习惯改变起来很不容易。1805 年巴黎公共工程委员会的一名建筑师站出来，公开对建筑与科学的结合大泼冷水。他宣称："在建筑领域，对于确定房屋的坚固性来说，那些复杂的计算、符号与代数的纠缠，什么乘方、平方根、指数、系数，全无必要！"1822年，英国一个木工出身的建筑师甚至说："建筑物的坚固性与建造者的科学性成反比！"

传统和习惯的力量是顽固的，但由于它反科学的消极性，终于渐渐被抛除了。

从此，用力学和结构科学武装起来的工程技术人员，获得了越来越多的主动权。在结构工程方面，人们终于从长达数千年之久的宏观经验阶段进入微观科学分析的阶段。科学的分析、计算和实验，把隐藏在材料和结构内的力揭示出来，人们可以预先掌握结构工作的大致情况，计算出构件截面中将会发生的应力，从而能够在施工之前，做出合理、经济而坚固的工程设计。不合适和不安全的结构在设计图纸上被淘汰，工程建设中的风险日益减少。必然性增多，偶然性减少。

在历史上，几十年、几百年甚至上千年中，建筑的结构变化很少。现在，人们掌握了结构的科学规律，便能充分发挥主观能动性，按照社会生产和生活的需要，有目的地改进旧有结构，创造新型结构。从19世纪后期经20世纪，直到今天，新结构不断产生，发展速度越来越快，是先前无法想象的事。

结构科学的进步，让建筑人在造房子和建筑艺术创作的事情上，不再受法式、则例和固有模式的束缚，获得了空前未有的、愈来愈大的自由。这是现代建筑区别于历史上建筑活动的一个重要标志，这是建筑历史上一次空前的伟大跃进。

四、埃菲尔铁塔

1889年是法国大革命（1789）的100周年。为纪念那次伟大革命，法国政府在前五年就决定要在巴黎举办一个大型博览会。博览会中要树立一个大型纪念物，要求那是一个

"前所未见的，能够激发公众热情"的纪念物。

政府为此组织了一场国际建筑设计竞赛。到 1886 年 5 月 1 日，共收到 700 个方案。评选委员会经反复评比，最后决定采纳用铁建造 300 米高塔的方案。这个方案是工程师埃菲尔的公司提交的，所以巴黎铁塔又称埃菲尔铁塔。

这是一个大胆、惊人的决定。建造纪念物的历史久远，石碑有数千年的历史，但从未有过铁造的纪念碑。至于高度，当时世界上最高的纪念碑，是 1885 年落成的美国首都的华盛顿纪念碑，高 169.3 米，而提交的铁塔方案一下提高到 300 米。

300 米是什么概念？设想把巴黎圣母院、纽约自由女神像、巴黎凯旋门、一个意大利府邸、再加三个著名纪念碑，一个接一个摞起来，高度即是 300 米。在 19 世纪 80 年代建造如此高的一个独立的塔，没有先例，风险很大，魄力过人。

埃菲尔怎么敢于承担这个项目呢？

如前所述，到 19 世纪后期，结构科学初步成熟，这是前提。青年埃菲尔（Alexander Gustave Eiffel，1832 — 1923）在中央工艺和制造学院学金属结构专业。后来开办自己的工程公司，从事建造工作。在铁路大发展时代，埃菲尔在多国建造铁路桥梁，1878 年他承建的加勒比大桥（Garabit Viaduct）是其中之一。他还曾为一些建筑物设计铁结构的屋顶。法国人送给美国纽约的自由女神像里面的金属骨架也是埃菲尔设计和建造的。

巴黎铁塔于 1887 年 1 月 28 日破土动工。

埃菲尔铁塔自重 7 000 吨，由 18 000 个部件组成。埃菲尔精明能干，他做工程事先周密计算，现场不再更改。铁塔施工图有 1 700 张，另有交给铁工厂加工铁构件的详图 3 629 张。基础工程历时 5 个月。接下来是铁构件的装配，历时 21 个月。一般只有 50 名工人在上面劳作，最后几个星期增至 200 多人。工人都是熟练工匠。在这个大而高的铁塔施工期间没有死人，在当时是很难得的。

铁塔下部四个塔腿之间形成一个正方形广场，边长 129.22 米。塔上有三个平台，设有分段的升降机，当初用水力驱动。最下部用特制的升降机在斜伸的塔腿内行驶。

1889 年 3 月 31 日，巴黎万国博览会开幕。因为欧洲的奥地利、德国、俄国等帝制国家对法国大革命带来的法国共和政体抱敌视态度，开幕典礼上没有外国改府首脑参加，但开幕日仍是非常隆重热烈。埃菲尔自己在塔尖上升起一面法国国旗，礼炮轰鸣，他骄傲地宣称，法国国旗现在飘扬在"人类建造的最高的建筑物上"。

埃菲尔铁塔不是真正意义上的房屋建筑，但是它的出现和屹然屹立，助推了建造现代高层建筑的热潮。

1888 年，巴黎铁塔竣工前一年，纽约一座 11 层的框架结构房屋落成，恰遇一场暴风雨，许多人赶去围观，看它能否顶住大风雨的袭击。人们对高层房屋总有些担心。次年，巴黎建成 300 米高的埃菲尔铁塔，有效消除了人们对高层建筑的担忧。

此后，房屋的层数越来越高，1930 年，纽约的克莱斯勒大厦的高度首次超过巴黎铁塔。人们在街上仰望高大的尖顶，觉得它们好像擦到天了。所以，大众把那些高楼叫 skyscraper。Sky 是天空，scraper 是刮、擦用的器具。这是个很形象的诨名。不知哪位中国人最早把 skyscraper 译作"摩天楼"。这个译名很传神，合乎严复提出的"信、达、雅"三字原则。

在 1889 年那次巴黎博览会中，另有三名工程师设计建造了著名的机器陈列馆。它采用钢的三铰拱，跨度达 115 米。在此之前，公元 124 年建成的罗马万神庙有一个用砖、石和天然混凝土造成的穹顶，直径为 43.43 米。在 1 600 多年的漫长时期中，万神庙一直是世界上跨度最大的建筑物。1889 年巴黎博览会的机器陈列馆的跨度一举达到 115 米，真正是建筑跨度的大跃进。按照传统的做法，承重的构件，如墙和柱子，离地面越近越粗大；但机器陈列馆的钢拱架与传统做法相反，庞大的钢拱架凌空跨过 115 米的距离，拱架接地处却几乎缩小成一个点，像芭蕾舞演员似的以足尖着地，令时人大为惊讶。可惜的是这座陈列馆于 1910 年被拆除了。

今天，在建筑结构方面，相对来说，人类已经取得很大的自由。结构科学的进展反过来又给建筑师的创作提供了越来越多、越来越大的可能性。

进入 20 世纪后期，出现大量采用曲线、曲面、曲体的"非线性建筑"，又一次表明建筑材料和新的结构科学技术对建筑造型的影响。建筑发展和变革的历史同建筑材料和结构的发展直接有关，建筑学的历史与土木工程学的历史联系紧密。

五、房屋建造的新局面

"建造"（construction）与"建筑"（architecture）原本合一。有一段时间，统一由土木工程师（civil engineer）承担，人们知道土木工程师，不知有专业的建筑师。建筑业的细分带来进步与发展。最显著的是结构科学的进步使人们突破了建筑工程方面的许多禁区，建筑获得了前所未有的自由。

就稍大的建筑项目看，建筑师的创作离不开土木工程师，因为建筑的基体是土木工程的成果。近代土木工程——结构科学的进步是世界建筑史上一次大跃进的基础。

建筑师的工作和土木工程师、机械工程师、电机工程师等的工作有一个重要区别。工程师们的工作对象主要是物，恰当处理物和物之间的矛盾。他们的成果有价值，但不一定直接为人所用。建筑师在设计工作中，摆弄的是物，而服务对象是人，因为他设计出来的房屋建筑覆盖人，贴近人，直接为人所用。人有个性、社会性、文化性，房屋建筑从大处到细部，从整体形象到门窗的大小开合，都要适合和满足人们从生理到心理、从使用到审美的多样需求。建筑教育的目标就是培养有这种综合能力的建筑师。

有没有受过建筑训练，与是否有这种理念是不一样的。20 世纪 30 年代，抗日战争时期，笔者随父母到了兰州，住进西北公路局的宿舍。一个大院子，住三户人。最大的一栋房子，左中右分成三间，每户分一间；另有小房子，也分左中右三间，每户占一间；还有更小一号的房子，也分三间，每户一间，做饭用；院子侧边，是最小的房子，也是每户一间，是茅厕。院子挺大，各户的建筑面积不算少，每户人的三个房间分散在三座平房中，各家必须交叉来回其间，实在不便。设计者缺少的是对生活的实际体验和对人的关怀。这些房屋是公路局的土木工程师的业绩。当然，在抗战时期的西北，有工程师盖的房子可住已经很难得了。

构筑房屋建筑是工程活动，但这种工程有特殊之处，除了处理物与物的关系，又必须处理人与物的关系。王朝闻曾指出，艺术家在创作时已经把鉴赏者的审美需要、审美能力、审美趣味等因素考虑在内了。与此类似，在建筑设计工作中，从项目策划和方案设计开始，建筑师心中就会装着使用者、业主、公众，想象他们对自己的设计会有怎样的反响，应如何改进等。

土木工程为房屋建筑提供物质基础。但房屋建筑从来不是，也不可能是单纯物质的东西，它与人关系紧密，必然又是社会精神文化的产物。建筑师必须与结构工程师及其他专业的工程师配合，才有可能创作出完美、合用的建筑物。

也许可以这样说：土木工程产生房屋的物质基础，建筑设计者使之人化。

---

1   建筑时报 . 2007(3): 29.

2   《经说》(下).

3   《社会主义从空想到科学的发展》. 1892, 英文版导言.

第四章

物质文化与精神文化的耦合体

一、人的两类需求

造房子用什么物料，用何种结构等，是物质方面的事情。但造屋从来不是单纯的物质活动。房屋建筑为人的需要而建，要符合人的多种需求。人的需求多样而复杂，归纳起来是两个方面：物质的需要和精神的需求。前一方面的需要是最基本的，后者也不容忽视。

人有思想、有记忆、有信仰、有情感，有爱憎，有担忧、有禁忌，这些方面受时代、种族、阶层、家庭、传统、习俗、教育、时尚、价值观等多方面的影响。细论起来，比人的物质方面的需要更复杂、更多样、更细微、更深刻，充满变数和不确定性。

人们在筹划、选择、安排与房屋建筑有关的一切事情时，都要考量物质和精神两方面的需要和问题。我们自己在购房、租房、搬家时都是这样做的。近些年许多北京人搬离四合院，住进住宅楼了，但是仍有不少人继续住在四合院里，不愿离开。他们不是不知道楼房设备好，卫生方便，但他们内心有"四合院情结"，老一辈人尤甚。

"四合院情结"来自居民们根深蒂固的文化教养、生活方式、风俗习惯和艺术的熏陶与积淀。北京四合院作为特殊的建筑类型，体现着北京的历史文化和传统生活方式。四合院的建筑形式、院落布局、空间尺度、门窗装修、花树盆栽、装饰色调等，积淀于北京老一辈居民的集体记忆中，成为北京传统文化可触、可居的建筑符号，是北京城的名片之一。

在很多人的心中，"四合院情结"不会轻易消退。

二、精神文化物化于建筑

人的理念、情趣等，何以会显现和凝固在建筑之中？

精神的东西转化为物质的东西，是"物化"的结果。如何物化呢？

马克思的解释是，"在劳动过程中，人的活动借助劳动资料使劳动对象发生预定的变化。过程消失在产品中。它的产品是使用价值，是经过形式变化而适合人的需要的自然物质。劳动与劳动对象结合在一起。劳动物化了，而对象被加工了。在劳动者方面曾以动的形式表现出来的东西，现在在产品方面作为静的属性，以存在的形式表现出来。"[1]

人按预定的目标对物料进行加工和塑形，制品呈现能满足使用需要的形态。制作者一面使之合用，一面按自己的观念在形式上作一定的处理和调整，人的意图、思想、情感等精神的东西，相应地融入加工对象，物化于器物。

我国古代青铜器精美奇异的形象，是数千年前的匠师通过制范、模铸等手段制作出来的。匠师们按一定的构思塑造铜器的体形，时代的理念在制作过程中物化于器物中。那种构思"作为静的属性"，在青铜器上"以存在的形式表现出来"。

篆刻艺术又是一个例子。篆刻家精心构思的印章图形，经过他手执刻刀在石料上的运斤操作，通过冲刀、切刀等动作，将脑中构想的图像，以"存在的形式表现出来"。在这个过程中，篆刻家心中的意象，化为手中的意象，继而固化于石章，成为印章"静的属性"。篆刻家的艺术意象，经过物化，成为能够穿越时空的艺术品。

其实，我们把一张纸折一下，在纸上留下折痕，就是更简单的物化。思想、观念等精神的东西物化于人造器物之上的现象十分普遍。人工建造的，又与人直接、持久接触的房屋，必然会将人的思想、情感、道德、生活习俗、艺术爱好等物化和固化于其中，也可以说建筑物"人化"了。下面举几个房屋建筑方面的例子。

三、"北京人"洞穴

在北京市周口店龙骨山，发现"北京人"化石处的附近有一处洞穴，是两万年前旧石器时代晚期"山顶洞人"居住过的山洞。洞中发现人骨、石器、骨器及装饰品。山顶洞分洞口、上室和下室。上室在洞穴的东半部，遗存表明那里是"山顶洞人"的住处。西半部的下室发现完整的人头骨和躯干骨，人骨周围散布有赤铁矿粉末和一些随葬品，表明下室是葬地。据考证，那是迄今所知中国最早的埋葬死者的处所。"山顶洞人"把死人的遗骸保留在自己的住处，当然不是出于物质的需要，而应是出于一种原始信仰，相信人死了还会复生，同时表示死者仍是家族的成员。

刚刚脱离动物界的原始人，他们在"准房屋"里留出空间，让死者和活人同住，显示原始人相信人死能复生的信念，以及重视亲情不忘先辈的感情。可见，人之初的原始信念已经在居住空间的安排中有所体现。

四、客家土楼与儒家文化

闽、粤、赣三省相接的三角区域，有许多客家居民建造的十分独特的土楼住宅。客家居住文化在世界居住文化中占有特殊的地位，吸引着国内外文化界、建筑界的关注。

客家人是汉族众多民系中的一支，原本生息在中原，历史上很早便向南迁徙。北宋以后，客家人在闽、赣、粤交界的边区定居。迁徙大多以家族血缘群体集团进行。客家人拥有中原祖地的文明，许多家族本是中原的诗书望族，他们在尚未开发的南方地区建立了发达的农业文明。历史上我国中原地区在与北方民族融合的过程中，文化有了不少改变。相比之下，迁居到南方的客家民系反而保存了更多中原固有的文化。同时，在新的环境中，客家人的生活也出现了一些新的样态。

在闽粤赣交界地区，客家人建造了与中原不同的土楼建筑。土楼有多种形状，最奇特、最令人惊异的是圆形土楼。

头一次看见圆形土楼的人，都会因那特别的形象与浑厚神秘的气势感到惊讶。它们看来很像军事碉堡或城寨，实是当年村民日常生活居住之所。

圆形土楼中央有大天井，周围是环形房屋，有单环、双环、三环，甚至四环。小型土楼有二三层，大型的三四层，最高的达六层。周圈的环形房屋开间相同，小的土楼有20多间，中等的有四五十间。房间大小相等，隔墙呈放射状，每个开间自底层至顶层归一家使用。底层为各家的厨房，二层为储藏间，以上楼层住人。多环土楼外圈高内圈低，两圈之间为环形天井。圆形土楼开一个出入大门。天井内有祖堂、议事厅、水井和私塾课堂。

福建漳州平和县芦溪乡叶氏的"丰作厥宁楼"是现存最大的土楼，始建于清康熙年间，已存在300多年。圆楼直径77米，中央天井的直径29米；高四层，每层72开间，共288间，最多时住过700多口人。

客家人为什么创建这些形态特殊、前所未见的圆形大型居住建筑？

原因有多方面。客家的先祖以家族为单位，从北方迁徙到南方，坚守传统的血缘文化。在闽、粤、赣交界的山区中，选择有溪河灌溉农田、却无台风洪涝之害的地方定居。

在丘陵山林地带维持家族生存，比在动荡的中原和沿海地区安全。从中原来的客家人，文化素质高，一般不与其他民族混居，安稳地传承中原故地文化，世代繁衍。

来到新环境的中原移民以血缘为纽带，同一家族的人聚居在一起，既有利安全防御，又可使子孙后代团聚不散。措施之一是建造坚固的大房屋，让一姓家族住在一栋楼里。土地和房屋掌握在族长手中，后辈们要吃饭，要住房，就得服从本族长辈。家族制度和宗法权威能有效地贯彻和延续。从性质上讲，土楼是家族的集体大厦，内部包含各家各户的住所。土地和房屋不能私自买卖，小家依赖集体，家庭的独立性弱化。家族内贫富差别也降到最低限度，生活均等化程度之高为他处少见。

土楼文化体现的是《礼记》大同篇的思想。客家先祖要家族之内"讲信修睦"，"人不独亲其亲，不独子其子。使老有所终，壮有所用，幼有所长……皆有所养。"在土楼中，个人和家庭虽然受着许多钳制，但人人有所养，子子孙孙只要不违抗族规，就有现成的住房、土地和衣食，他们乐意服从。土楼之内施行"大集体，小自由"之方针。楼上是各户的卧室，底层有各家的厨房，分灶吃饭。到吃肉的日子各家同时吃肉，以免无肉者尴尬。土楼没有大食堂，因为他们早已知道"吃食堂"不经济，费钱费粮。

大型土楼不是移民抵达时立即建造的，一般是定居一段时期后，人口增多，有了一定的财富积累才开始兴建。

客家土楼出现的原因复杂，主要有赖于：（一）南方新开发地区优良的自然环境，能为家族提供安全、稳定、自给自足的生存条件；（二）农业生产将家族成员束缚在居留的土地上；（三）维持家族制度和血缘聚居的风俗；（四）将儒家思想持续灌输给家族成员。人的思想统一到儒家传统的伦理纲常上，才能实现将本宗、本支的成员聚居在一处的目标。

土楼的建造技术方面，也很有特点。当初的客家人只能就地取材，他们用土、木、砂、

客家土楼

石、竹和自己开窑烧造的砖、瓦、石灰造房屋。

客家泥师、木匠发扬从中原带来建筑技艺，大大提高了版筑土墙的质量。

土楼外墙用土、砂、石灰配合成三合土夯筑，有的加进红糖、蛋清水或糯米汤，使墙体强度大增。厚 40 厘米的土墙可以支承 10 米高的三层楼房。土楼不用金属材料，需要钉子的地方，以竹钉代替铁钉。做法是将硬皮老竹头削成钉，再放进铁锅炒干。这种竹钉坚硬不生锈，比铁钉耐久。

在儒家文化的引导下，在特殊的环境条件之中，客家人发挥创造性，创建出包含数百个房间的、前所未有的楼房，让一族之人生于斯，长于斯，终老于斯，世代团聚，生生不息。

特异的客家土楼，作为世界大型公寓式多层居住建筑的先驱，是数百年前中国农耕社会的物质文明与儒家的精神文化在特定时空中耦合的产物，二者缺一不可。

五、联合国总部与现代主义

再看一个现代建筑的例子。

联合国总部设在美国纽约曼哈顿区临河的一个地块上，分为三部分：大会堂、秘书处大厦和理事会楼。其中，最引人注目的当数秘书处大厦。一座 39 层的方形薄板似的高楼，前后两面整个为蓝绿色玻璃幕墙，直上直下，光溜溜，没有一点凸凹变化，像一片耸立的大板。

联合国总部建筑于 1948 年开工，1952 年建成。这时候建造高层建筑的工程技术已很成熟，美国人尤其擅长，在材料、技术、设备方面没有任何困难。

难题是联合国大厦的建筑形象，做成什么样子？

20 世纪以前，无论中外，政府建筑几乎无一例外地都采用左右对称，主从有序，突出中央的构图，使建筑有稳定、庄严、权威之象，令人产生尊敬、顺从之心理。数千年下来，这已成了政府和权力建筑的一种模式。

建成很晚的美国国会大厦（1865），也仿用欧洲古典主义的柱式建筑样式：正中耸立大圆顶，下有宽阔的基座与大台阶，左右对称，突出中轴，承袭古典构图。可见，认为政府建筑应具有此种经典构图模式的观念，深入人心，不易改变。

进入 20 世纪，传统建筑的一统天下状况开始动摇，世界建筑园地萌生出新的建筑理念和建筑样式，古典主义、学院派之外，出现了现代主义的建筑流派。

20 世纪前期，新出现的现代主义建筑势单力薄，只见于少数实用性、商业性的建筑中，

纽约联合国总部

在政府或纪念性的建筑中受到拒斥。第一次世界大战后的国际联盟总部就是一个例子。

1927 年国际联盟准备在日内瓦建造总部，收到 377 个建筑方案。法国著名建筑师勒·柯布西耶送交的方案，在实用、造价等方面都合乎要求，却因为建筑造型新颖独特，与传统建筑不沾边，受到保守人士反对，评委们争执不下，于是交给政治家裁定，最终落选。后来建成的国联大厦与传统建筑相近，是没有特色的平庸建筑。

仅仅过了 20 年，新建的纽约联合国总部建筑却与传统建筑毫无关联。布局无中轴线，错落有致，各部分的高低、大小、形状差别很大，对比明显。主要的入口低矮朴素、不显眼、不神气。这个新奇的联合国总部大厦，竟然在不久前还拒斥现代主义建筑的美国顺利建成了。

怎么会这样呢？原因不在物质方面，而在精神文化方面。在于 20 世纪 50 年代，二战之后，世界广大地区的社会文化心理发生了显著的改变。

20 世纪 20 年代，欧洲萌生现代主义建筑流派。德国法西斯敌视这种新建筑，纳粹德国的政府建筑都采用呆板生冷的古典样式。第二次世界大战中，美国等同盟国家与德国打仗，大战以纳粹德国惨败告终。颟顸无能的国际联盟未能制止战争，早已消散无踪。现代主义建筑本来与德国的战败、国际联盟的消散没有直接关系，然而出于"敌人拥护的我们反对，敌人反对的我们拥护"的心理，人们不知不觉地把现代主义建筑当成了正义进步的象征。

在二战刚刚结束的特定时刻，采用何种建筑样式的问题不可避免地带上了政治色彩。英、美、俄、法、中在二战中击溃德、意、日，国际联盟声名狼藉。战胜国筹建的、新的联合国组织还能追随德国法西斯和旧国联再造一个古典建筑样式的总部吗？即使政治人物热爱古典建筑，反对现代主义建筑，他在当时的气氛语境中也难以启齿，即便他说了出来，也成不了气候。

对于联合国总部的建筑形象，落成之后可谓毁誉参半。有人认为它是纽约最美的建筑之一，有人感到失望。最多的批评是认为它的形式太抽象、太新奇，给人陌生感，不具纪念性。

任何时候，对任何一座重要的、有影响的建筑，总有满意和不满意的人。这类建筑出现与否，表面上看，似乎是由少数人的意愿所决定，但进一步考察会发现，社会文化心理的主流起着决定性作用。社会文化心理体现着当时当地精神文化的趋势。

六、人文工程

造屋是物质生产活动的产物，但无论从宏观考察还是微观考察，无论是看形式还是看内涵，我们都能发现，人们的信仰、伦理、道德、风俗、人生观、世界观、审美意识等精神文化因素都在起作用，并或明或隐地融入和物化在房屋建筑之中。物质和精神两方面的因素，在房屋建筑中相遇契合、相互制约、共同作用。

汉语"耦合"一词，《辞海》解释为"两个（或两个以上）体系或运动形式之间，通过各种相互作用而彼此影响的现象"。在房屋建筑中，物质文化与精神文化正是耦合的关系。

在房屋建筑中，物质文化的因素是硬件，精神文化的因素是软件。如果只有硬件，没有软件，要建房屋的人不知道自己要造什么样的房子，提不出要什么和不要什么，讲不出喜欢什么讨厌什么，对房屋没有任何想法，甚至提不出一个模仿的对象。这种情况下，如果设计者也不替他出主意，这房子就没法造。总之，仅有物质的材料、机械、设备，没有任何理念、意图、思想，房屋建筑就造不起来。当然，实际上不会出现这种情况，因为造房的人，不论房屋主人还是建筑师，事先都有预想，至少有个参照。

房屋建筑是物质文化和精神文化的耦合体。

因此，建造房屋虽然是工程活动，但与别的工程，如水利工程、机械工程、电机工程，道路工程等相比，有性质上的重大差异。水利、机械、电机、道路等基本上是处理物和物的关系问题。建设水库主要处理水坝和库容量、坝体与地基的关系等；机械工程处理加工件的质量、加工的效率、精度、能耗之类的问题。这些科学技术以及经济问题属于物质文化的范畴，把物—物关系处理好即是成功。

建筑工程也要处理物—物的问题，诸如建筑物重量与地基承载力、建筑跨度与强度、结构体系与地震力、通风与保暖、造价与投资等关系问题，都必须妥善处理。但即使是把这些问题都解决了，做完美了，还不等于有了一个好的建筑物。

处理好物—物关系对于得到一个好建筑是必要条件。因而，房屋建筑的实体是土木工程的产物，建筑工程与土木工程有紧密的联系，建筑工程本身就包含着土木工程。所以较大的建筑设计单位都有土木工程专业的人员，建筑工程离不开土木工程师。

可是要建成好的、重要的房屋建筑，还需要有建筑师。

前面已经说了，建筑物的坚固性、耐久性等是物质性需要。此外，人还有政治、社会、民族、宗教、信仰、家庭、伦理、道德、习俗，以及审美、情趣、爱好、禁忌方面的需求，这些是精神文化范畴的需求。建筑必须多多少少满足人在精神文化方面的需求。

先前，房屋建筑的形制是在历史中逐渐产生的，在形成和完善的漫长过程中，人们的精神文化需求，自然又必然地融入世界各地的传统建筑之中。

近代以来，由于经济社会的现代化，文化全球化和祛魅化程度加深，往昔的地域特征和因素有所减弱，但现代建筑师仍然在把现当代新的文化元素，以及普世的人性和人情注入建筑作品。

因此，将建筑师与土木、机械、电机等专业的工程师的工作加以比较，可以发现一个根本区别：工程师们的工作对象主要是物，重点是处理物和物之间的矛盾，他们的工作成果有重大价值，但不一定是直接为人所用。建筑师在设计工作中，也摆弄物，而服务对象是人，他直接对人负责，他设计出来的房屋建筑覆盖人，贴近人，直接为人所用。建筑教育的目标就是培养有多方面知识、有综合能力、能满足人的多样需求的建筑师。

在策划、设计、建造的过程中，在处理人的物质需求的同时，建筑师不能也不会忘记人的精神需求。在使用者入住和使用之前，房屋建筑已经或多或少融入了相关的人的信念、愿望和审美情趣，或多或少已经蕴含有一定的人性、人情、人气，是人性化的工程。世界许多地方的传统房屋建筑，从物质的、使用的角度看，可能非常简陋，使用中有缺点，但当改换成另一种建筑时，往往出现失落感，产生依依不舍之情。因为人的思想情感已深深物化于传统房屋建筑里面了。

除了人与物之间，精神文化能物化之外，人与物之间还有"移情"作用。

人与月亮距离那么远，但人对月亮可谓一往情深。古往今来，人们将自己的情怀，将多种多样的思想感情付托给月亮。从"三十功名尘与土，八千里路云和月。"到"你去看一看，你去想一想，月亮代表我的心。"各种情怀都与月亮连在一起了。

房屋建筑最直接、最全面、最亲密又最长久地与人接触，与人的生老病死密切关联，人与建筑之间也必然形成多种多样的情感联系。以至天安门城楼、胡同里的小院、苏州园林水边的一座亭子……都时常会在我们脑海中出现。

人与房屋建筑的关系复杂而全面。用本来生硬的无机物建造的工程物，成了有情之物，在工程物中极其特殊，可称为"人文工程"或"人化工程"。

在各种专家中，建筑师是特别的一类。建筑师是专家，在一定程度上，又是杂家。他们要具有技术、艺术、科学、人文社会等多方面的知识与特长。他们的任务，归根结底，是将纯粹的土木工程物转化为直接为人所用的"人化的工程物"，他们可以说是"人文工程师"。

1　马克思. 资本论. 马克思恩格斯全集：第 23 卷. 人民出版社，1972:205 .

第五章

建筑艺术：工程型实用工艺美术

一、建筑是艺术吗

建筑艺术一词，在业内业外，在言谈和文章中，都频繁出现。

北京的故宫、天坛、颐和园，希腊的帕提农神庙，罗马的斗兽场，威尼斯的圣马可广场，法国的凡尔赛宫，巴黎圣母院，印度的泰姬陵，华盛顿的林肯纪念堂及国家美术馆，澳大利亚的悉尼歌剧院，美国匹兹堡市的流水别墅……都给人以强烈的感染力，叫人爱看，令人愉悦，被认为是艺术品。

一句常见的话说"建筑是凝固的音乐"，把建筑物看作"凝固的音乐"，显然把建筑看成是一门艺术。[1]

但也有相反的意见。

18 世纪德国作家、美学家莱辛（Gotthold Ephraim Lessing，1720 — 1781）认为"造

型艺术"指绘画与雕塑，不包括建筑与工艺。19世纪俄国作家、文学理论家车尔尼雪夫斯基（Николай Гаврилович Чернышевский，1828—1889）写道："单是想要产生出优雅、精致、美好意义上的美的东西，这样的意图还不算是艺术……艺术是需要更多的东西的；所以我们无论怎样不能认为建筑物是艺术品。建筑是人类实际活动的一种，实际活动并不是完全没有要求美的形式的意图，在这一点上说，建筑不同于制造家具的手艺，但并不存在本质性的差异，而只在那产品的量的大小。"[2] 车氏反对把建筑归入艺术之列。

我国也有教授反对把建筑当作艺术，强烈批评"霸占学坛的'建筑是艺术'之说"，斥之为"欧洲谬说"。

"艺术"和"文化"这类概念，内涵极为宽泛，没有公认的定义，而房屋建筑本身又是一个复杂的、多面、多元、多态的对象，建筑是或不是艺术，要看你从哪个视角去考察，看你抱着什么样的艺术观。

二、黑格尔："一门最不完善的艺术"

一些哲学家承认建筑是一门艺术，不过，认为建筑不是严格意义上的艺术。德国哲学家黑格尔（Georg Wilhelm Friedrich Hegel，1770—1831）是有代表性的一位，他在多卷本《美学》中对建筑艺术作了专门的讨论。把建筑排在五种艺术之首，其后为雕刻、绘画、音乐和诗歌，但是他认为："建筑是一门最不完善的艺术，因为我们发现它只掌握有重量的物质，作为它的感性因素，而且要按照重力规律去处理它，所以不能把精神性的东西表现于适合它的可以目睹的形象，只能局限于从精神出发，替有生命的实际存在准备一种艺术性的外在的围绕物"。[3] 黑格尔给建筑一个正面的定义：建筑是"生命存在"的"艺术性的外在的围绕物。"

20世纪美国哲学家奥尔德里奇（V.C.Aldrich, 1958 —）持类似的观点，在所著《艺术哲学》（1963）中写道："关于建筑……就它是一种艺术来说，它基本上是形式的。严格说来，作为一种艺术，建筑既没有内容，也没有题材。它是一种'不纯的'艺术……它在严格的艺术领域之外，还有别的立足点。"[4]

在这几位哲学家看来，雕塑、绘画、音乐、舞蹈、戏剧、诗和文学是"纯艺术"（pure art）和"精美艺术"（fine art），为艺术的正宗。建筑艺术"不纯"、"不完善"，虽被勉强纳入艺术之门，却是艺术家族中的另类。

20世纪德国哲学家加达默尔（Hans-Georg Gadamer, 1900—2002）也讨论过建筑。他持另一种观点，在《真理与方法》（1960）中写道："建筑师的设计本身是被这一事实所决定的，即建筑物应当服务于某种生活目的，并且必须适应于自然的和建筑上的条件。因此我们把一幢成功的建筑物称之为'杰作'，这不仅是指该建筑物以一种完满的方式实现了其目的规定，而且也指该建筑物通过它的建成给市容或自然景致增添了新的光彩。建筑物正是通过它的这种双重效应表现了一种真正的存在扩充，这就是说，它是一件艺术作品。"在同一页上，加达默尔还写着："这些艺术形式中的最伟大和最出色的就是建筑艺术。"[5]

三、古希腊人如何看建筑

古代希腊人在两千多年前创造出了令人惊叹的伟大文明，在公元前五世纪建造了世界建筑艺术典范之一的雅典帕提农神庙。当时的希腊人是怎样看待建筑的？

我国一位学者谈到古代希腊的建筑时写道："对我们来说，神庙是希腊建筑艺术的代表，但希腊人自己是否也这样看呢？对这个问题的回答也许是否定的，他们建造神庙的动机完全是宗教性的，艺术还没有成为一种独立的追求。希腊语中没有用以区分艺术和技艺的词……当然，这里并不是说希腊人完全没有对艺术的刻意追求，只不过它还没有从主要追求其他社会功用中独立出来。"[6]

英国学者科林伍德(R.G.Collingwood, 1889—1943)在所著《艺术原理》中也说："'艺术'的美学含义，即我们这里所关心的含义，它的起源是很晚的。中古拉丁语中的 ars，类似希腊语中的'技艺'，意指完全不同的某些东西，诸如木工、铁工、外科手术之类的技艺或专门形式的技能。在希腊人和罗马人那里，没有和技艺不同而我们称之为艺术的概念。我们今天称为艺术的东西，他们认为不过是一组技艺而已，例如作诗的技艺。依照他们有时还带有疑虑的看法，艺术基本上就像木工和其他技艺一样；如果说艺术和任何一种技艺有什么区别，那就仅仅像任何一种技艺不同于另一种技艺一样"。"当我们赞赏古希腊人的艺术作品时，我们会很自然地设想，他们是以和我们同样的心情加以赞赏的。可是，我们赞赏它是一种艺术，这里的'艺术'一词就带有现代欧洲人审美意识的全部微妙而精细的含义。我们可以充分断定，希腊人并不采用任何类似的方式加以赞赏，他们从另一种观点来对待艺术。"[7]

在古希腊，制鞋、干木匠活、针织、驯马、饲养家畜等，都属于"技艺"，从事这些技艺的人是工匠和匠师，那时，技术和艺术合在一起，没有分家。

中国战国时期的思想家庄子（约前 369—前 286）说："能有所艺者，技也。"[8] 两千多年前，一东一西，山海阻隔，在尚无交往的时候，古希腊人的技艺观与中国先哲庄子竟如出一辙，都将艺与技紧密联系在一起。

古希腊语言中没有我们现今所说的"艺术"一词，当时的希腊人把艺术与功能、技术及工艺合为一体。建筑，就是功能、技术、艺术合为一体之物。那时没有建筑艺术"纯与不纯"及是否"完善"的问题。

就各艺术门类的起源来看，后世所谓的艺术本来都具有某种物质的或精神的功能性或功利性，本来就是"不纯的"。远古人类在黑暗的山洞深处画野牛，在石崖上涂刻鹿群，不是为了欣赏美术，陶冶性情，而是认为刻画野兽能多获猎物，是巫术思维的产物。

四、康德：审美无利害关系

文艺复兴时期以后，西欧渐渐有人把艺术视为与功利无关的东西。"一直到 17 世纪，美学问题和美学概念才开始从关于技巧的概念或关于技艺的哲学中分离出来。到了 18 世纪后期，这种分离越来越明显，以至确定了优美艺术和实用艺术之间的区别。"[9]科林伍德（Robin George Collingwood，1889 — 1943）指出"艺术"概念的历史不长，他本人也力主艺术是情感的表现，是想象性活动，认为技艺不属于真正的艺术。

18 世纪德国大哲学家康德（Immanuel Kant，1724 — 1804）在《判断力批判》中阐释他的美学理论。他将审美快感与生理快感和道德快感加以区分，把愉快的、善的和美的三种情感严格分开。康德写道："……在这三种快感之中，审美的快感是唯一的独特的一种不计较利害的自由的快感，因为它不是由一种利益（感性的或理性的）迫使我们赞赏的……一切利益都以需要为前提或后果，所以由利益来做赞赏的原动力，就会使对于对象的判断见不出自由。"康德又说："每个人必须承认，一个关于美的判断，只要夹杂着极少的利害感在里面，就会有偏爱而不是纯粹的欣赏判断了。人必须完全不对这事物的存在存有偏爱，而是在这方面纯然淡漠，以便于在欣赏中能够做个评判者。"[10]

康德强调审美的无利害关系性，发展了非功利性美学，影响很大。

为了强调艺术与技艺的区别，英国人先是在 art 前加形容词 fine，以"fine art"（精美艺术）指称他们心目中的纯粹艺术。到 19 世纪，art 一词中原有的"技艺"含意已被人忘却，形容词 fine 不必要了，就以 art 指称美的艺术。

于是，非功利性或无利害关系性成为近代经典美学的核心观念之一。这种美学将功用与技术排除出艺术和审美活动，认为艺术和审美纯粹是精神领域的东西。经典美学教导人通过艺术欣赏去获得精神上的提升，让人在世俗生活中有一种超脱和批判的心态，维持精神的独立和自由。

社会上层精英人士轻视工艺，瞧不起实用艺术，18 世纪德国文学家、哲学家席勒（Friedrich von Schiller，1759 — 1805）宣称艺术家负有掌握人类尊严的责任，他们的位置在人类的顶峰。他鼓吹艺术家不应俯就多数人的趣味，不可把自己的艺术追求与"非精美的艺术"混在一起。

轻视和鄙视实用艺术的倾向蔓延开来，艺术家也不说自己是工匠的一员了。这种思潮和理论脱离普通人的生活实际，与大众的审美活动脱节。艺术走上一条狭窄道路，进入了象牙塔。艺术成了少数精英分子谨守的精神家园和身份表征，它承担的社会功能越来越少。

五、对非功利美学的批驳

在西方美学史上认为审美离不开功利的思想早就存在。古希腊的苏格拉底就认为："任何一件东西如果它能很好地实现它在功能方面的目的，它就同时是善的又是美的，否则它就同时是恶又是丑的。"[11]

西班牙哲学家桑塔耶纳（George Santayana，1863 — 1952）强烈批评无利害关系美学。19 世纪末他在哈佛大学讲授美学时，指出人体的一切机能，都对美感有贡献，反对经典美学认为只有高级器官（眼、耳）才有审美作用，拒斥低级器官（嗅、味、触）的作用。桑塔耶纳写道："美的艺术，虽然看来是美感最纯粹的所在，但绝不是人类表现其对美的感受的唯一领域。在人类的一切工业品中，我们都觉得眼睛对事物单纯外表的吸引特别敏感，在最庸俗的商品中也为它牺牲不少时间和功夫，人们选择自己的住所、衣服、朋友，也莫不根据它们对他美感的效应。"[12]

经典美学把带功利性的审美活动贬为粗俗不纯之事而加以排斥，但在实际生活中，人们使用大量的工艺品，这些工艺品既有使用价值又有审美价值。他们的审美对象大都与实用性相关，人们惯用"美好"一词表达喜爱赞赏之意，"美"与"好"紧密相关。

桑塔耶纳说，鉴赏一幅画虽然不同于想购买它的欲望，但鉴赏总是与购买有密切联系，而且就是购买欲的一种预备行为。他指出非功利美学"是哲学家按照他们的形而上学原理来阐明审美事实，把他们的审美学说作为其哲学体系的推论或注释。"他讥讽柏拉图派的美学观点，"他们的理论玄之又玄，他们的名言看来是大智大慧……然而，在你沉思之后也许会发现，大师的话对于美的本质和根源决不是客观的说明，而不过是他极其复杂的情感的含糊表现而已。"[13]

非功利性美学排斥技术与功用性，在人们的心目中造成一种印象，似乎技术与功用只具有使用价值而没有审美价值。但是，实际上，人的审美快感不可能同生理快感、道德快感，以及技术精巧、使用方便引起的快感决然分离，人的知觉系统是一个整体，审美知觉不会与其他知觉绝缘。

六、回归审美现实

在现代，大众的消费日益与审美结合，出现日常生活审美化潮流。许多美学研究者回归审美现实，将带功利性的实用艺术，包括产品造型、商品包装、服饰，广告等纳入美学研究的范围，承认其美学的合法性，这一趋向是当代美学重构的内容之一。

建筑艺术从来不是非功利性的，它一直与功能或功利连在一起，密不可分。在建筑审美中，一般人很难，也没有采取康德所要求的"对于对象的存在持冷淡的态度"，你无法要求大众在评价建筑时进入"不掺杂丝毫的利害计较"的境界。

恩格斯认为："总的说来希腊人就比形而上学要正确些……在希腊哲学的多种多样的形式中，差不多可以找到以后各种观点的胚胎、萌芽。"[14]

在讨论建筑是不是艺术的问题时，"回到希腊人那里去"也是有益的。古代希腊人认为建筑是技艺（techne），是技术与艺术合一的成果，他们的观念对我们今天认识建筑艺术的性质有启示。

七、根本区别

没有材料盖不了房屋，有材料无技术还是不行。房屋建筑是中空体，要能让人在它的内部活动。建造房屋首先是技术活，处处有技术问题。黑格尔重视并强调建筑材料的重量和无机性，但他忽视房屋的实用功能和技术因素。而建筑物的实用功能和结构技术对建筑的独特性有决定性的关系。换句话说，建筑物的实用功能和结构技术是使建筑成为"不完善的艺术"的决定因素。

黑格尔指出建筑是"不完善的艺术"，但仍把建筑与诗歌、雕塑、绘画、音乐相提并论。他老先生对于建筑与另外四种"完善的"艺术之间的质的差异没有作全面的阐释。

建造房屋建筑是物质性的，有实用目的的造物活动。建筑创作受多种因素的羁绊，很不自由。建筑的精神性、艺术性、审美性等依附于有实用效能的人造物中。雕塑、绘画、音乐和诗歌是精神性的、无实用目的的自由的艺术，既有表现性又有再现性，既可写实主义又可浪漫主义。建筑与那四种艺术之间存在着质的区别，不应混淆。

八、工程型实用工艺美术

《辞海》对"工艺美术"的解释是："以美术技巧制成的各种与实用相结合并有欣赏价值的工艺品。通常具有双重性质，既是物质产品，又具有不同程度的精神方面的审美性。作为物质产品，反映着一定时代、社会的物质生产和文化发展水平；作为精神产品，它的视觉形象（造型、色彩、装饰）又体现了一定时代的审美观。"

从考古发现看来，人类创造实用工艺美术远远早于"纯艺术"的出现。

就实质而言，房屋建筑是为了容纳人及人的活动而建造的巨型中空器物。它们必定以大量非艺术的成分为基础，但有一些建筑同时又包含艺术成分和精神价值，有的多，有的少，甚至全无。房屋建筑从来不是纯粹艺术品，在古希腊人那儿"技"、"艺"不分。庄子说："能有所艺者，技也"，都认为"技"与"艺"紧密连在一起。建筑之"艺"从来都是以建造之"技"为基础发生、发展出来的，是技与艺会合产生的结晶。

关于建筑的性质，中山大学教授倪梁康写道："如果我们把 Architecture 理解为建筑术，那么它是艺术还是技术？……或许它的位置就在这两者之间……但建筑艺术本质上不同于文学想象、艺术创造、电影电视创作。因为它本质上不可能是纯粹的艺术，而这又是因为建筑在任何时候都不可能是为建筑而建筑。建筑的本性在于：它用于居住。""建筑不可能是纯粹艺术，但却有可能是纯粹技术……在艺术与技术之间，建筑离技术更近一些。"[15]

一般的工艺美术品，包括实用的在内，体量都不大，相比起来，房屋建筑是庞然大物，一个高楼、一座体育场可以同时容纳几千几万人。除了大水坝，几乎没有比大型建筑更大的人造物了。从古到今，任何时代造屋都是一项工程活动。建筑艺术存在于房屋之中，建筑的艺术性以实用工程物为载体，或者说附丽于工程物之上和之中，所以，从艺术性的角度考察，建筑艺术属于实用工艺美术的范畴。联系到房屋建筑的规模和造物过程，准确地说，建筑艺术的性质是一种工程型实用工艺美术。

九、古今建筑差异一：装饰的多与寡

将历史上的经典建筑与典型的现代建筑加以比较，很容易看出两者之间全面而且显著的差异。这是就典型建筑而言，在两种典型之间，有大量过渡状态、今昔混搭的房屋。

对于实用工艺品来说，材料与工艺关系重大。例如，玉器、青铜器和紫砂壶重在它们的用料和工艺；往昔的豪华马车，今天的高级轿车，所用的材料和工艺大有区别，在装饰运用方面也有显著差别。建筑也是如此。

工业革命以前，欧洲重要的高级建筑都以石材为主要材料，通过手工劳动建造。这样的建筑在材料与操作两方面，与石雕艺术相同或相近。在石造建筑上加用石雕艺术，既能明确传达思想情感的内容，非常方便，又非常自然。石头建筑与石雕塑紧密结合是顺理成章、十分自然的事。2 400 多年前主持神庙建造的菲迪亚斯就既是雕刻家又是建筑师，一而二，二而一。帕提农神庙上雕有 360 个人像，二百多匹马及战车和各种献祭品。我们参观欧洲先前建造的各种石头建筑物，室内外的墙壁、柱子、屋顶、天花板、门窗边框上，到处都有丰富精美的雕塑及装饰。欧洲许多宫殿府邸也是如此。在那里，建筑与雕塑珠联璧合、浑然一体，给人美不胜收、目不暇接的印象。

黑格尔讨论过建筑与雕刻的关系。他认为建筑"并不能实现作为具体心灵性的理想，因此，在这种素材和形式里所表现的现实尚与理念对立，外在于理念而未为理念所渗透……"而"在雕刻里，内在的心灵性的东西才第一次显现出它的永恒的静穆和本质上的独立自足。"石造建筑与石头雕刻结合，互补双赢。黑格尔说："到了这一步，建筑就已经越出了它自己的范围而接近比它高一层的艺术，即雕刻。"[16]

除了人体雕刻，欧洲石造或半石造建筑的内外墙上还有许多其他装饰物：各种款式的立柱、壁柱、各种形式的拱券、各式各样的边框、纹样、饰带、基座、牛腿、线脚等。许多装饰物是从房屋的构件、部件演变而来，用石材、木材、石膏等材料制作，很适合装饰建筑。

欧洲老建筑墙体厚重，雕塑与石墙合在一起，凹凸有致、光影交错、层次丰富，这样的建筑形体富于雕刻感，可称之为雕刻般的建筑，很是耐看。

中国中原地区的古典建筑以木为主要材料，采用木架承重，有"墙倒屋不塌"的特点。这种建筑同样凹凸有致，显著之处是有虚有实，虚实结合，较为轻灵。另一特点是以房屋与庭院合成完整的建筑体系。房屋上外露的木料需要用油漆保护，因而很自然地给建筑增添了颜色和图画装饰。除了各部分的木雕、石雕外，中国古典建筑最引人注目的是对屋顶的加工和艺术处理。多种多样的屋顶形状，挑出的屋檐，凹曲的屋面，有象征意义的屋脊装饰，向上弯起的翘角，使原本沉重的大屋顶看起来相当轻巧，还有升腾之势。中国自古以高超的陶瓷工艺闻名于世。这一中国工艺特长也体现在中国传统建筑的屋顶之上。北京故宫、颐和园等处的皇家建筑有无数亮丽的大小琉璃瓦屋顶，并有丰富的琉璃饰物。在阳光照耀之下，从高处望去，它们似是波光粼粼的"屋顶海洋"，令人惊叹。

中外历史上的宏伟建筑都是手工艺匠师的作品，又是多种工艺美术结合的产物。

工业革命后及至现当代，建筑中科技成分增多，新建筑大量使用钢、铝、水泥、玻璃、塑料等工业生产的材料，同天然材料相比，它们强度大、效能高、用料少、结构体积相对减小，施工走向半机械化、机械化、装配化。与历史上的建筑相比，建筑的外观从厚、重、壮、实变为轻、光、透、薄。建筑与外加的装饰几乎绝缘，给人看到的多是光滑简单的大块体、大光面的组合。

一百多年来，建筑渐渐脱去手工艺品的品貌，逐渐带有科技产品的性质。显示出现代科技工艺品的特征。昔日的宏伟建筑如同英国皇家庆典时用的马车，装潢华丽而速度有限，那种马车由手艺精湛的匠师，精心又耐心地一辆一辆手工雕琢而成。现代建筑完全变样了。它们如奔驰、宝马轿车，行驶极快，它们用工业生产的材料、构件、设备及制造方法，短时内大批生产，迅即投放市场。不管你何等身份，有钱就能享用。如果说，历史上手工业的时代的建筑是"高技艺"（Hi-Skill）的成果，现代建筑中加入了越来越多的"高技术"（Hi-Tech）成分，附加的装饰物愈加减少。

十、古今建筑差异二：再继承与再创新

以今天的眼光看，手工业时代建筑活动变革进步缓慢，样式不多，但经长期传承、从容改进而日臻成熟，产生了精致的典范形式。现代建筑重视的是创意，新鲜式样百出，一个建筑师一个样，每个设计都是一次性创作，建筑样式日新月异，瞬间即逝，能产生精品，却不存在也不需要建筑范式。

原因在于社会时代大大改变了。前工业社会各方面都变化缓慢。那时的观念以继承为主，中国人强调"法先王"，祖宗之制不能擅改，西方也差不多。12世纪欧洲有一首诗中写道："变化之物会失去价值"。如今反过来，"不变之物会失去价值"。

进入近代资本主义时期，社会各个方面都加速变化。"一切新形成的关系等不到固定下来就陈旧了。一切固定的东西都烟消云散了。"[17] 历史上建筑业偏重传承，现在人们看重创新，这是时代特色在建筑领域的反映。

这一转变与社会中个体与他人新的关系的形成有关，在欧洲中时期之后，个人主体身份意识逐渐提升，产生对表达个人特殊性的推崇。法国哲学家吉勒斯·利浦斯基（Gilles Lipovetsky，1944）说："社会上对于个体性的推崇产生了很多结果：它们使得对于传统的尊重被打破，为创造和发明的繁荣提供了空间，刺激了个人寻求新奇、差别和独创性的想象力。对于个体的肯定开启了在形式和风格方面不断创新的进程，开启了与尊重不变的传统标准决裂的进程。"[18] 这段话完全适合现代建筑创作的状况，而且已经成了主流和常态。

有人认为现代建筑的形象不耐看，今不如古，这是一种看法。实则，像一切事物一样，

建筑艺术也是多种多样，而且发展变化着。唐代司空图指出诗有《二十四诗品》，今天的建筑风格样式何止二十四品。杜甫倡导"不薄今人爱古人"，杜老的包容精神值得发扬。

以上的讨论涉及艺术的定义问题。艺术的定义成百上千，哪个对？哲学家、美学家争论不休，迄无定论，不但无共识，而且一些学者认为根本不能给艺术下定义。当代美国美学家理查德·舒斯特曼（Richand Shusterman，1948 —）是其中一员。他写道"艺术是一个在本质上开放和易变的概念，一个以它的原则、新奇和革新而自豪的领域。因此，即使我们能够发现一套涵盖所有艺术作品的定义条件，也不能保证未来艺术将服从这种限制；事实上完全有理由认为，艺术将尽自己的最大努力去亵渎它们。总之，'艺术的特别扩张和冒险的特征'，使对它的定义是'在逻辑上不可能的'。"[19] 建筑艺术也不例外。

《论语》云"兼听则明"，虽然有的时候兼听使人糊涂，但最终还是多知道不同意见为好。

1　将建筑与音乐相提并论的观点有多个来源：

（一）德国哲学家谢林（1775 - 1854）在《艺术哲学》中说道："一般说来，建筑艺术是'凝滞的音乐'；这种见解与希腊人之说并非格格不入。"（中译本·下册. 中国社会出版社，1997:264）

（二）黑格尔写道："弗列德里希·许莱格尔曾经把建筑比作冻结的音乐，实际上这两种艺术都要靠各种比例关系的和谐。"（美学. 第三卷上册. 朱光潜，译. 64）弗·许莱格尔（Friedrich von Schlegel，1772 - 1829）德国作家、批评家.

（三）歌德在斯特拉斯堡主教堂前说"建筑是凝固的音乐"。（陈志华. 外国古建筑二十讲. 三联书店，2002:104）

（四）雨果（Victor Hugo，1802 - 1885）称赞巴黎圣母院"简直是石头制造的波澜壮阔的交响乐"。（陈志华. 外国古建筑二十讲. 三联书店，2002:104）

2　车尔尼雪夫斯基. 艺术与现实的审美关系. 周扬，译. 人民文学出版社，2009.

3　黑格尔. 美学（第三卷上）. 朱光潜，译. 商务印书馆，1986:328.

4　奥尔德里奇. 艺术哲学. 程孟辉，译. 中国社会科学出版社，1986:82.

5　伽达默尔. 真理与方法. 上海译文出版社，1992:204.

6　张广智，主编. 世界文化史（古代卷）. 浙江人民出版社，1999:228.

7　科林伍德. 艺术原理. 中国社会科学出版社，1985:6.

8　引自《庄子·天地》.

9　科林伍德. 艺术原理. 中国社会科学出版社，1985:7.

10　康德. 判断力批判（上卷）. 商务印书馆，1964:40-41.

11　北京大学哲学系美学教研室. 西方美学家论美和美感. 商务印书馆，1980.

12 乔治·桑塔耶纳. 美感. 缪灵珠, 译. 中国社会科学出版社, 1982:1.

13 同上:5-6.

14 马克思, 恩格斯. 马克思恩格斯选集 (卷三). 人民出版社, 1972:46.

15 建筑与现象学专号. 时代建筑. 2008(6):8.

16 黑格尔. 美学 (卷一). 朱光潜, 译. 商务印书馆. 1981:106.

17 马克思, 恩格斯. 马克思恩格斯选集 (卷一). 人民出版社, 1972:254.

18 转自《西方时尚的起源》. 中国人民大学复印报刊资料《美学》. 2012(8):59.

19 Richard Shusterman. 实用主义美学. 彭锋, 译. 商务印书馆. 2002:59.

第六章

建筑材料及形式美

一、材质与形式

材料对于房屋建筑的重要性不言自明。没有材料，其他都是纸上谈兵，空中楼阁。无论我们看什么房屋建筑，首先看到而且满眼所见的就是建筑材料。

《考工记》写道："天有时，地有气，材有美，工有巧，合此四者，然后可以为良"。将天时、地气、材美、工巧四项看作器物制造的基本点，把制器的过程视为以处理材料为主的过程。《韩非子》中又有"和氏之璧，不饰以五采，隋侯之珠，不饰以银黄，其质至美，物不足以饰之"之句，强调要运用材料本身的天然素质。

建筑材料物理性能决定房屋建筑的结构形式、构造做法和使用质量。对于房屋，人们首先按主要用的建材进行分类：土房、木房、石屋、砖瓦房、钢筋水泥建筑、玻璃幕墙建筑等。

材料有物理性，人又有精神品味，不同材料加上不同的处理，给人不同的视觉印象，产生不同的心理感受和审美体验。所以建筑师在设计房屋过程中，除了技术经济的考虑外，还带着他对材料的评价选用材料，进行不同的处理。

古希腊哲学家亚里士多德把事物的生成和发展归因于："质料"、"形式"、"动力"和"目的"四个因素。并以房屋为例，指出砖瓦等材料是"质料因"，房屋的整体形状和内在结构是"形式因"，建筑师及其技艺是"动力因"（又译"创造因"），房屋的作用为"目的因"。后来，亚里士多德又认可将"四因"归结为"二因"，即"质料因"和"形式因"。突出质料与形式的重要意义。在他看来，美的事物的生成无非是质料的形式化，它们的存在无非是形式的外化、物化和固化。希腊哲学家把质料的意义提到非常的高度。[1]

从古至今，人类用来建造房屋建筑的材料，有天然的和经过加工的两大类，品种极多。用于高级建筑的优良材料主要有木、石、钢、水泥、玻璃等。人类使用木材和石材的历史久远。到了近代，钢、水泥、玻璃、及其他工业制备的材料大量用于各类建筑。

各种建筑材料有各自的物理性能，人对建筑所用的材料，尤其是人能看得见和接触到的表面材料，又有种种的主观感受和评价。一种材料在建筑中又有多种用法和处理手段。例如，用石头砌墙，有毛石墙、块石墙、虎皮墙、卵石墙、片石墙等。砖墙也有很多种类。单说砌墙的砖，清朝官窑就生产有十七种之多。有澄浆城砖、停泥城砖、停泥滚子、开条砖、斧刃砖等名目。砌砖墙用的灰浆分类更多，配料各有不同，如加进面粉、沙子、江米汁、桐油、血料等。外露的灰缝有洼缝、洼面、圆线、八字缝等名目。不同的材料加上不同的用法，质量等级不同，给人的观感不同，千变万化、花样繁多。

谈到材料与形式的关系，西班牙美学家桑塔耶拿（George Santayana，1863 — 1952）有一段话讲得透彻，他说："材料效果是形式效果的基础，它把形式效果的力量提得更高了，给予事物的美以某种强烈性、彻底性、无限性，否则它就缺乏这些效果。如果雅典娜的神殿帕提农不是大理石筑成，王冠不是黄金制造，星星没有火光，它们将是平淡无力的东西。"[2]

二、形式都有内容吗

下面，我们讨论建筑的形式美问题，先得知道形式与内容是什么关系。

哲学书上说，内容和形式是哲学的基本范畴，现实中的任何事物都有自己的内容，也都有自己的形式，二者缺一不可，从自然界到人类社会，每一事物都是内容和形式的统一。不过，内容与形式的关系复杂多样，同一内容可以有多种形式，而同一形式也可以表现不同的内容，形式有相对独立性。

这种理论用于再现性艺术是清楚的。中国的"清明上河图"，达·芬奇的油画《蒙娜·丽莎》，罗丹的雕塑《思想者》，作品中的山水，物体、男女老少都看得很分明，它们的形式和内容是统一、清楚、确定的。

然而，观赏中国书法作品时，形式在你面前，要问那书法艺术的内容是什么，却很难讲。外国现代派的抽象艺术作品，如蒙德里安的《构图第 X 号》，立体派的雕塑，它们的内容叫人摸不到头脑。大量的实用器物，如瓷瓶、茶杯、冰箱、汽车等，设计者和使用者都很注重它们的造型，可它们的形式不是世上其他事物的再现，不像任何其他东西。这一类东西有明确的形式，而它们的内容却很不明确。然而它们也能够获得人的喜爱，能使人愉悦。

学者们对这方面的问题的讨论已经很久，但看法严重分歧。

康德认为美只在于形式，不涉及内容，这个看法遇到了麻烦，因为大多数的艺术作品的美是和内容有关系的。为此，他将美的事物分为两类，"有两种美，即自由美和附庸美。第一种不以对象的概念为前提，说该对象应该是什么。第二种却以这样的一个概念并以按照这概念的对象的完满性为前提。"[3]他说自由美没有内容，又称纯粹美，附庸美有具体内容，又称依存美。康德的美学主要以无内容的自由美即纯粹美为依据。

英国美学家赫伯特·里德（Herbert Read，1893 — 1968）干脆认为有些艺术就是没有内容，他以陶瓷艺术为例说明，"陶器是一门最简单而又最复杂的艺术……公元前五世纪，陶瓷终于发展成为最著名、最敏感和最理智的希腊民族的代表艺术。一只希腊花瓶是所有古典和谐的典型。同一时期，东方另一个伟大的文明之邦——中国，已将陶器发展成一门最可爱和最典型的艺术……希腊花瓶呈现出静态的和谐，而中国花瓶……则能表现出动态的和谐。"里德明确宣称陶器艺术没有内容，他的书中有一章专论陶器，标题就是《无内容的艺术：陶器》。[4]

我国美学家周来祥认为中国"书法不过是一种自由的图案。在这里形式就是它的内容，内容就凝结在形式上"，他认为，形式美"是不依靠其内容而美的。但这并不是像有些同志所说的是无内容的形式，不是的，形式美本身也是有内容的。与其他美的形态不同的是，它的内容就凝结在形式上，形式之外是没有什么内容的。正因为形式美的内容就凝冻在感性材料及其组合的形式上，所以这种内容就比较朦胧、宽泛而概括，不像其他美的内容那样明朗、确定和具体。"[5]

周来祥反对有人说书法艺术是无内容的形式，他是将书法艺术的形式与内容合二而一，成为一体。

总之，这几位专家的看法是：非再现的艺术作品及实用艺术品可以有精彩的形式，至于内容，或是没有，或是与形式合二为一了。

为什么会出现有形式而看不出内容，以至有形式无内容的情形呢？

恩格斯在《反杜林论》中论及数和形（数字、直线、曲线、圆形、三角形等）的来源和它们的内容时写了一段话，他说：

"数和形的概念不是从其他任何地方，而是从现实世界中得来的……为了计数，不仅要有可以计数的对象，而且还要有一种在考察对象时撇开对象的其他一切特性而仅仅顾到数目的能力，而这种能力是长期的以经验为依据的历史发展的结果。和数的概念一样，形的概念也完全是从外部世界得来的，而不是在头脑中由纯粹的思维产生出来的。必须先存在具有一定形状的物体，把这些形状加以比较，然后才能构成形的概念……为了能够从纯粹的状态中研究这些形式和关系，必须使它们完全脱离自己的内容，把内容作为无关重要的东西放在一边；这样，我们就得到没有长宽高的点、没有厚度和宽度的线、a 和 b 与 x 和 y，即常数和变数……正如同在其他一切思维领域中一样，从现实世界抽象出来的规律，在一定的发展阶段上就和现实世界脱离，并且作为某种独立的东西，作为世界必须适应的外来的规律而与现实世界相对立……纯数学也正是这样，它在以后被应用于世界，虽然它是从这个世界得出来的，并且只表现世界的联系形式的一部分——正是仅仅因为这样，它才是可以应用的。"[6]

恩格斯的这些话，对于说明那些有形式而看来没有内容的现象有帮助。

数字1，2，3，4 和点、线、面、方形、圆形、立方体、圆柱体等图形本来都是从现实世界的事物中得来的，但在很长的历史过程中，它们已经"撇开对象的其他一切特性"，"从现实世界抽象出来"，"完全脱离自己的内容"，它们仅"表现世界的联系形式的一部分"。到一定时期，人们就不再觉察、也不必再联系它们原有的具体内容了。

数目字"3"早先与三个人、三头牛、三块石头联系着；一条竖直线表示挺直的树干，圆形代表太阳、月亮，但在长期实践中，这些数和形原有的具体的内容，或被省略，或被撇开了。于是，数字1，2，3，4 只涉及数量，不具体指代什么物品。方形表示一种平面形状，不管是土地还是兽皮。总之，这种形式原初的内容已经见不到了，这样的符号被看作是没有内容的形式。这是人类知觉和思维能力提高的产物和标志。

以后，当人们看见垂直线、水平线、曲线、矩形、圆形、立方体、球体等几何形体，以及形体和色彩的组合时，虽然眼前并无实在的东西，也能产生和先前世代见到实际东西时产生的类似的心理感受和效应。尽管含糊、朦胧、非确指，但也能感受到诸如平滑、粗糙、匀称、对称、统一、完整、残缺、和谐、对比、整齐有序、杂乱无章，以及各种颜色的效果。

三、形式美

形式美是艺术理论中的一个重要问题，也是建筑艺术的一个核心问题。然而，如学者黄药眠在 1957 年所说，"关于形式的美是很难解释的。"

什么是形式美？我们先看两种美学专著中对形式美的解说。

《美学基本原理》中写道："广义地说，形式美就是美的事物的外在形式所具有的相对独立的审美特性，因而形式美表现为具体的美的形式……狭义地说，形式美是指构成事物外形的物质材料的自然属性（色、形、声）以及它们的组合规律（如整齐、比例、对称、均衡、反复、节奏、多样的统一等）所呈现出来的审美特性……狭义的形式美，是指某些既不直接显示具体内容，而又有一定审美特征的那种形式的美。通常所说的形式美，主要指后者，即相对抽象的形式美。"[7]

另一本美学教材写道："人们对美的感受都是直接由形式引起的，但是在长期的审美活动中人们反复地直接接触这些美的形式，从而使这些形式具有相对独立的审美意义，即人们只要接触这些形式便能引起美感，而无须考虑这些形式所表现的内容……仿佛美就在形式本身。"[8]

两本美学专著都认为艺术中各种抽象的形式因素，包括色彩、线条、图形、形体、声音等及其组合具有独立的审美意义，人只要接触这些抽象的形式，无需考虑它们的内容，便能引起人的美感，产生审美意义和价值。

何以如此？除了恩格斯的解说，笔者以为这也和抽象形式本身的形、态、势有关联。抽象形式自身的形、态、势，可能在具有审美能力的主体那里具有某种审美价值。使审美主体感到某种意味和情趣。这一点在中国书法艺术中已得到证明。汉字是非具象的形式，而中国书法却是异常高妙并广泛受人喜爱的一种艺术。有一定素养的书法爱好者能从那抽象的书法作品的形、态、势中感受到审美愉悦。唐代孙过庭所著《书谱》形容草书有"鸾舞蛇惊之态，绝岸颓峰之势，临危据槁之形"，表明抽象的草书的形能约略地体现或代表这些自然界的形和势，予人以联想和审美感受。

建筑也是这样。建筑中的线条，其粗细、长短、曲直也能引出主体的某种情感。水平线传达平静与安稳的情感，垂直线给人挺直感，显示庄严与高贵，弯曲的线条则带有运动感和柔软性，而有规律的反复和节奏也给人以运动感，使静止的东西显得活泼有生气。中国传统建筑大屋顶上的弯曲脊线和向上翘起的檐角，柔和曲线使人感觉原本沉重僵硬的屋顶变得柔和轻盈，呈现向上飞升的姿势。

人们早已知道非再现性艺术的形式能够引起人的情感反应，而且早就运用于各种艺术门类及建筑造型中，然而却知其然不知其所以然，对其原理迄今还没有得到完满的令人信服的解释。有学者指出这是艺术理论中的"千古之谜"。

格式塔心理学派的学者提出一种解释，他们认为，所有存在于客观世界的事物的外在形式都具有一种"表现性"，就像人的行为、动作具有表现性一样。这种表现性的基础是一种力的结构，如上升与下降、统治与服从、轻柔与坚强、和谐与混乱、前进与后退等。因为力的结构决定了它们的形状，同时决定了它们的表现性。一个贝壳或是一片树叶的形状，是产生这些自然事物的那些内在力的外在表现，当一棵树的形状呈现在我们面前时，它就把这棵树的全部生长力的活动展现在我们面前了。大海的波浪，星球的球形轮廓，人体的复杂轮廓线，这一切都反映了那些创造这些形状的力的活动。而人的内心世界或心理结构，也是一种力的结构。美国美学家阿恩海姆（Rudolf Arnheim, 1904 — 2007）1954年出版《艺术与视知觉》一书，发展了格式塔心理学的美学理论，他认为人的情感是各种心理因素充分活动起来之后达到的一种兴奋状态，本质上是力的结构。他写道："那推动我们自己的情感活动起来的力，与那些作用于整个宇宙的普遍性的力，实际上是同一种力。"[9] 各种不同的情感都是各自不同的力的结构。当某一特定的外部事物的力的结构呈现在眼前时，它就通过视觉神经系统传到大脑皮层相关区域，形成一种力场，这个力的结构与外部事物的力的结构是同形同构的。当它与伴随某种情感生活的力的结构达到同形时，这种外部事物看上去就有了这种情感特质。

"这就是说，表现性取决于我们在知觉某种特定的形象时所经验到的力的基本性质——扩张和收缩、冲突和一致、上升和降落、前进和后退等等。当我们认识到这些能动性质象征着某种人类命运时，表现性就会呈现出一种更为深刻的意义……从这个意义上说，艺术家创造作品，就是要用一种十分活跃的"力"去构成表达意义所使用的知觉式样，而观赏者欣赏作品则是要在大脑中唤起一种结构同形的力的式样，以直接把握它的象征意义。" [10]

阿恩海姆用"力的结构"、"力的式样"、"异质同构"及"张力"等来解释艺术形式的表现性，忽视了知觉形成中的社会文化原因，难以解释形式和内容都十分复杂的语言艺术及戏剧、电影等综合艺术。阿恩海姆的理论有局限性。不过，他的结论主要是通过对视觉艺术的研究得出的，用之解释比较简单和抽象的造型艺术很有参考和启发作用。有位书法研究者也认为力是形式美感的基础，他写道："（中国）书法的笔墨形式为什么具有美感？这是因为，书法的点划、结构、墨韵及其整体排列形式，无不呈现一种矫健活泼、生机盎然的生命活跃之力。可以说'力'、'力量'、'力感'，构成书法创作、欣赏一切审美活动的基础"。[11]

建筑艺术是非再现的抽象艺术，建筑物本身包含并直接显示出各种力的作用，可以说阿恩海姆的理论对于探讨建筑艺术相当对口，值得重视，但是这一理论尚不充分、完备，只是众多学说中的一种。

事实上，"纯艺术"即写实、再现的"美的艺术"（pure art, fine art），在人造物的总量中只占一小部分。非写实的抽象形式却大量见于器皿、餐具、服装、鞋帽、家具、马车、汽车、冰箱、钟表等实用工艺品领域。这些实用工艺品的造型必须服务于主要的使用功能，除少数外，不宜也不必模仿和再现其他事物的形状。汽车就是汽车，茶壶就是茶壶。车和壶的形体由线、图形、形体、色彩、质素等组成，虽然看不出明确的意义和内容，却能引发很多人的审美感受，有特殊的审美价值。

人们在挑选实用性的人造器物，如汽车、服装、鞋帽、冰箱、手机、沙发、餐具、箱包的时候，当然注重器物的使用功能、耐久性、性价比等，那些器物没有模仿也不需要再现别种事物的形状。但人们却很注重这些器物的造型，看它们是否合乎自己心意。

非写实、非再现的其他事物，即抽象的形态，有杂乱或整齐、严肃或轻盈，难看或好看、招人喜欢或不喜欢等差异，给人不同的印象和效果。这反而让创作者的创作有更大更自由的空间。因而中国画家有更广阔的想象空间和创作空间，更多的表现自由。明末清初画家朱耷——八大山人的作品是一个明显的例证。他画的鱼眼有方形的，比写实的更有神。有的画大幅留白，中间只画一只小鸟，极为突出。

人们在观看、接触、制作、使用大量抽象形式的器物的过程中，培养出对各种形式的感觉，即"形式感"。"艺术对象创造出懂得艺术和能够欣赏美的大众……生产不仅为主体生产对象，而且也为对象生产主体。"[12]"不仅五官感觉，而且所谓精神感觉（意志、爱等），一句话，人的感觉、感觉的人性，都是由于它的对象的存在，由于人化的自然界，才产生出来。"[13] 由于音乐的存在，由于常听音乐，原来不辨音的耳朵可能变成能欣赏音乐的耳朵。

形式感渐渐细化，人能分辨出不同形式给人不同的生理和心理的感受，从各种形式中遴选出符合当时当地那些人需要的形式，逐渐产生好感，对某些形式的"好感"又升华为"美感"（包括从恶感中升华出丑感）。那些能引发美感的形式和形式组合在人的观念中积淀下来，被分类和规范化，被当作是各种"美的形式"的范式和模式，又从中提炼出规律性的法则。我们认为，这可能是现今所称的"形式美"和"形式美规律"出现的大致过程——这也是一种假说。

四、建筑形式美的因素

这里所说的形式美的因素限于建筑物的外形式。

建筑外观一般由墙体、柱子、台阶、屋顶、门、窗等元部件组成，这些部件用各种建筑材料做成，显现各色各样的材质、形体、色彩。这些感性的质感和它们的组合能令人产生多种多样的形式感。某些形式和形式的组合能让人产生愉悦感，人们认为其中有形式美。

这种说法隐含着一种观念，即形式美是实体化的、外在于人的存在，忽略了主体——人的作用，因而不是精准的表述。但流行已久，为了读、写方便，在一般场合，我们还用"形式美"这个词。

（一）点、线、面、体

人的视觉感官感知的形体，由点、线、面、体组成。在可视的图形中，点实际上是较小的面，也有大小、厚薄、圆与不圆的差别。点可以组成线或面，有多少、疏密、聚散的差异，产生不同的视觉效果。在图形中出现少量的点，可能带来轻盈活跃的印象。

在建筑和器物上，面与面相交产生线。线条是造型艺术的重要手段。线条有直线、曲线、折线三大类。都有长短、粗细、曲直、断续、虚实、光滑、粗糙之别，能使人的心理产生快慢、刚柔、利钝、顿挫、滞滑等不同感受。分别看来，直线有正直、刚劲、挺拔、稳定之性征。曲线则有优美、柔和、流动、轻盈、活泼之动感。折线有转折、突然、断续之态，按不同的方向、角度表达上下、倾斜、曲折行进之态。在建筑形体上的线千差万别、变化多端。

在建筑中，面表现各部分的大小和形状。不同形状的面给人带来不同的视觉效果。圆形和似圆的面示人以柔和及动态。方形和近似方的面显出方正安稳，如古语所说"方者矩形，其势也自安"。正三角形的面显得稳定，倒三角形显得不稳，其他形状的三角形有明显的方向性。

线与面组合显示体。我们观看一个物体，看见的是面和线，但凭借以往的经验，可以感知物体的大部分的形状。如一个圆球，看到球的正面，凭经验可以意识到球的背面。体给人的视觉比面更具体、更完整、更确定。

（二）色彩

色彩也是形式美的重要因素。马克思认为"色彩的感觉是一般美感中最大众化的形式。"每种色彩都有自己的特性，在视觉上、情感上、意味上产生不同的效应，因而有不同的审美效果。例如红、橙、黄给人以兴奋、热烈、活跃之感，蓝、绿给人以庄严、幽静之感，灰色、银色给人以柔和、温雅之感等。因为色彩的刺激产生的生理或心理反应影响人的情绪情感。人对不同色彩产生的不同审美意味和世世代代人们生活的环境与经验有关。如红色同火焰，绿色同树木，蓝色同大海有关联，这类联系固定下来，渐渐赋予色彩以特定的情感内容。色彩的意义和作用是复杂和有变化的。

五、建筑形式美的组合

建筑物是点、线、面、体及色彩的组合体。因此要考究部件与部件之间的组合关系，及部件与建筑总体之间的关系及其效果。部分与部分的组合常形成对称关系，均衡关系，部分自身的及相互之间的比例关系，部件之间形成的韵律与节奏关系。此外还有就总体而言的多样统一的处理方法。

（一）对称、均衡

人类早就发现动物外形和植物叶脉形状是对称的。人造的工具、兵器、大多数也是对称的，对称体形易于在使用和运动中保持平衡。对称的建筑体形和布局容易使人感到整齐、稳重、沉静。

物体上下、左右、前后两部分的外形，大小不同，而分量大体相等，称为均衡，原理类似力学中的力矩平衡。对称建筑的两方差异小，显得呆板，少活力，与之相比，均衡的建筑布局比较自由，稳定中有动态，显得灵活生动。

（二）比例

数学中的比例指两个比值相等的等式。在造型作品中，如果形式内部的某种数理关系，能引起人的快适心理，常被认为"符合比例"。这种比例大多与人常见并熟悉的形体，如与人体的比例接近。中国人说某人的形体"增一分则太长，减一分则太短"，即指该人形体的比例恰到好处。中国画家画人以头的大小定比例，要"立七、坐五、蹲三"，山水画"丈山、尺树、寸马、分人"是恰当的比例。一个物体的各部分比例恰当，称为匀称。

古希腊哲学家毕达哥拉斯提出黄金分割（一整体分为两部分，较大部分与较小部分之比等于大小两部分之和与较大部分之比，结果为 1:1.618，约为 5:8），是普遍的恰当的比例关系。这个比例关系在造型艺术中曾被广泛应用。即使如此，它也不是绝对的到处可用的最佳比例关系。比例的恰当性、合理性是由多种复杂的因素和条件决定的。

（三）节奏韵律

同一形式按相同的方式排列并连续出现是反复。有规律的反复形成节奏。节奏是事物周期性变化的运动方式，季节、气候、动物和人的生理活动都表现有节奏。节奏的变化又带来韵律感。建筑形体中的线条、色彩、构件、装饰件、柱子、窗户等都能形成大小、长短、高矮、疏密、深浅、轻重等方面的节奏和韵律，影响观者的心理和审美感受。

（四）根本原则：多样统一

多样统一是处理建筑及所有艺术作品的一个总的要求和原则。大多数的事物都包含多种不同的元素和成分，元素和成分之间不仅存在差异还相互对立。多样不可避免，关键在于避免多样带来的杂乱，令多样之间有协调，得到统一，呈现和谐。公元前2世纪，希腊数学家斐安说过"和谐是杂多的统一，不协调因素的协调。"黑格尔说和谐的前提是差异，他写道："和谐是从质上见出的差异面的一种关系，而且是这些差异面的一种整体……和谐一方面见出本质上的差异面的整体，另一方面也消除了这些差异面的纯然对立，因此它们的互相依存和内在联系就显现为它们的统一。"[14] 中国古人也早就认识了这个道理。公元前780年（周幽王二年）史伯说"夫和实生物，同则不继……声一无听，物一无文，味一无果，物一不讲。"孔子说"君子和而不同，小人同而不和。"多样统一是引领艺术家把握整体，创造有对比，有内在张力和强劲表现力的艺术作品的指导原则。

人们重视、强调和谐，有时反对差异，反对不一样的东西，认为出现有差异和不同的东西就必然违反和谐。上引论述表明这是一种误解。"和谐的前提是差异"，"物一无文"，没有多样性，便没有和谐。但有了"多样性"，还必须有"统一性"。在乐曲中，基调统领众调，众调配合基调，形成多样统一的局面，这才出现和谐。没有或缺少统一性的多样是驳杂，是杂乱。

可以说：多样统一产生和谐，和谐即是多样统一。

建筑著作多将对称、均衡、比例、韵律、节奏等和多样统一称为形式美的"规律"，这并不十分准确。对称、均衡是形式处理的方式，建筑设计者可以按建筑物的性质，业主的要求将建筑物布置成对称的，或均衡的，但还可以既不对称又不均衡；建筑形式的比例更是多种多样，总之，都是可能的选项，并非永远必须照办的死规定，更不能称之为"规律"。即便所谓的"黄金比例"，也是在一定的历史时期，在某些地区的某些建筑类型上采用较多的形式比例数值而已，并不是放之四海而皆准的绝对的规律。

六、建筑形式美的流变

讲建筑艺术和美学的著作无不谈到形式美、形式美的法则或规律，告诉学生，处理建筑体形最重要的是统一、完整。建筑构图若非对称，则务必做到均衡。建筑物的大处和细部都要仔细推敲尺寸和比例，一切要从人的身体和活动方便为出发点，比如，采用黄金比是好的比例等。它们都是从建筑杰作中总结出来的宝贵经验。

托伯特·哈姆林（Talbot Hamlin，1889 — 1956）编著的《20 世纪建筑的功能与形式》[15]是 20 世纪中期出版的一部建筑理论巨著。作者在第二卷《构图原理》中提出许多建筑构图方面的忠告。他说："建筑师的职责是始终让他的创作保持尽量的简洁与宁静……人为地把外观搞得错综复杂，所产生的效果恰恰是平淡的混乱"。[16]

"最常犯的通病就是缺乏统一。这有两个主要的原因：一是次要部位对于主要部位缺少适当的从属关系；再是建筑物的个别部分缺乏形状上的协调"。[17]

"巴洛克设计师有时喜欢卖弄噱头……有意使人们惊讶和刺激……可是对我们来说，这些卖弄噱头的做法，压根儿就格格不入，而且其总效果压抑、不舒服"。[18]

"不规则布局的作者追求出其不意的戏剧式的效果……然而他却常常忘掉的是，使人意外的惊讶会使人受到冲击、干扰和不愉快，并不会使人振奋而欣喜"。[19]

"建筑师们总想完成比较复杂的构图，但差不多老是事倍功半……很明显，要是涉及超过五段的构图，人们的想象力是穷于应付的"。[20]

"假如一件艺术作品，整体上杂乱无章，局部里支离破碎，互相冲突，那就根本算不上什么艺术作品"。[21]

哈姆林的巨著出版 14 年后，有人发起了学术批判。

美国建筑家文丘里（Robert Venturi，1925）在 1966 年出版了他的著作《建筑的复杂性和矛盾性》。文丘里向建筑师们推荐的是另一套做法。文氏倡导的原则是"宁要混杂，不要纯净"，"宁要'一锅煮'，不要清爽"，"宁要暧昧不定，不要条理分明"，"宁要自相矛盾，模棱两可，也不要直率和一目了然"，"赞赏凌乱而有生气，甚于明确统一"，"容许违反前提的推理"，"喜欢有黑也有白，有时呈灰色的东西，不喜欢全黑或全白"，"作品不必完善"，"建筑可以平庸"，"不要排斥异端"，"矛盾共处"等。他举出的具体的建筑处理手法有：

不协调的韵律和方向；

不同比例和尺度的东西的"毗邻"；

对立的和不相亲的建筑元件的"堆砌"和"重叠"；

采用"片断"、"断裂"、"折射"；

室内和室外脱钩；

不分主次的"二元并列"……

后面我们还会谈到文丘里的主张。

哈姆林和文丘里的上述言论都是关乎建筑形式美的创造，两书的出版时间仅差 14 年，而两人观点的差异竟是那么大，有些主张是对立的。怎么会这样呢？

这是由于 20 世纪世界社会经济文化连续发生深刻剧烈的变化，从而引出建筑形式审美取向的转变。试将西班牙毕尔巴鄂古根海姆美术馆（1997）与柏林老博物馆（1828）作一形象方面的比较；将央视新楼（2009）与北京电报大楼（1958）也作一比较，说当下出现了世界建筑史上少见的快速变异也并不为过。

我们环顾当今世界最抓人眼球的建筑作品，都与文丘里倡导的建筑形式的路数相当一致。

七、对建筑形式的审美评价

形式美对建筑有重要的意义，讲求形式美是建筑创作的关键一环。不讲求建筑的形式美，建筑便不会好看，更没有艺术性。但不应忘记，建筑形式美是在主客体的审美关系中产生的，不是独立自足的东西，建筑形式美是一种审美价值。

建筑形式美是人创作的，也是为人而创作的。在主客体审美关系中，主体起主导和引导作用。建筑形式美状况如何，与人的状况如何密切相关。人有个性，但离不开时代和社会，时代更迭，社会改变，人的思想观念、情趣爱好、审美取向，都会改变。建筑形式美也不会不变。

可以看到，在人们长期追寻和习惯了的完整、统一、和谐的建筑形象之后，今天越来越多的人在审美取向方面，从"正常"转向"超常"再转向"反常"，接受甚至喜爱上了不完整、不统一、不和谐的建筑形态。

哈姆林和文丘里的观点都不仅是他们个人的东西。哈姆林的书总结的是此前许多世纪中积累的创作形式美的经验，文丘里代表的是 20 世纪中后期出现，并延续至今的一种建筑潮流。先前的世代是变化缓慢，继承传统占优势的时期；20 世纪是整个世界出现全方位、快速、剧烈变化的世纪。相比之下，两部著作倡导的建筑艺术，从目标、原则到具体手法才会那样不同。

文丘里说："在简单而正常的状况下所产生的理性主义，到了激变的年代已感不足"。他"容许违反前提的推理"，点明一个是简单而正常状况下的理性主义的建筑形式美，但

"已感不足"，言下之意，是提倡激变年代的建筑要超越理性主义。

在科学研究等领域，非理性主义有害，但艺术创作是另一回事。客观地看，文丘里的主张突破建筑的旧条框，有推陈出新之功效。建筑艺术、建筑形式美总要不断开拓、不断扩展，不会永久守在一个地方，每个时代都会有新的建筑奇葩绽放。

宇宙和人世，"变"是唯一的"不变"。原有的"形式美"从"正常"走向"超常"以至"反常"，无人能阻挡。然而，原有的不会由于后来者出现而消失，往往是新旧并存，增添了新的品类。

因为"形式美"不是外在于人的永恒之物。一种建筑形式对一些群体是美的，对另一些群体可能是不美的，甚至是丑的，关键在于它是主观与客观结合，在人的意识中产生的东西。严格说来"建筑形式美"一词并不准确，可是使用已久，目前找不出好的替代叫法，只好沿用。

事实上，人的视知觉不是纯客观的，阿恩海姆指出："人的视觉绝不是一种类似机械复制外物的照相机一样的装置。它不像照相机那样仅仅是一种被动的接受活动，外部世界的形象也不是像照相机那样简单地印在忠实接受一切的感受器上。相反，我们总是在想要获取某件事物时才真正地去观看这件事物。这种类似无形的'手指'一样的视觉，在周围的空间中移动着，哪儿有事物存在，它就进入哪儿，一旦发现事物之后，它就触动它们、捕捉它们、扫描它们的表面、寻找它们的边界、探究它们的质地。因此，视觉完完全全是一种积极的活动。"[23] 这番话有助于认识"形式美"的问题。

关键在于作为视觉语言的形式，不像文字语言那样有严密的逻辑性，有因果关系，有严密的论证过程。建筑形式对于受众，不是作为一种中性的客观景象无条件地加以接受，观者总是同自己的个人经历及文化背景结合起来考虑，可以产生不同的解读，引发不同的情感反应和审美评价。[24]

因此，对于被笼统称之为"形式美规律"的东西，需要加以分辨。

即便像"对称"、"完整"等历史上常用并证明有效的建筑形式美的手法与模式，也不应视作绝对的、永恒有效的东西。

本书第九章还将讨论与"形式美"有关的问题。

---

1   赵宪章主编. 西方形式美学. 上海人民出版社, 1996:4.

2   桑塔耶拿. 美感. 中国社科出版社, 1982:52.

3   康德. 判断力批判 (上). 商务印书馆, 1964:67.

4   H. 里德. 艺术的真谛. 王柯平, 译. 辽宁人民出版社, 1987:21.

5   周来祥. 形式美与艺术. 1983. 转引自 : 张稼人. 书法美的表现 – 书法艺术形态学论纲. 上海书画出版社, 1994:29.

6   马克思, 恩格斯. 反杜林论. 马克思恩格斯选集. 人民出版社, 1972(3):77,78.

7   刘叔成, 等编. 美学基本原理. 上海人民出版社, 1987:81.

8   司有仑, 主编. 新编美学教程. 中国人民大学出版社, 1993:187.

9   阿恩海姆. 艺术与视知觉. 中国社会科学出版社, 1984:625.

10 彭立勋. 美学的现代思考. 中国社会科学出版社. 1996.

11 郑晓华. 中国书法艺术的历史与审美. 中国人民出版社. 此处引自该书台北版, 更名《书法艺术欣赏》, 2002:67 .

12 马克思, 恩格斯. 政治经济学批判导言. 马克思恩格斯选集. 人民出版社, 1972:95.

13 马克思, 恩格斯. 马克思恩格斯选集. 人民出版社. 1972(42):126.

14 黑格尔. 美学. 朱光潜, 译. 商务印书馆, 1996(1):180.

15 Talbot Hamlin. Forms and Functions of Twentieth-Century Architecture. Columbia University Press, New York, 1952.
    邹德侬, 译. 中国建筑工业出版社 :1982.

16 同上 :49.

17 同上 :31.

18 同上 :92.

19 同上 :142.

20 同上 :40.

21 同上 :16.

22 R.Venturi. Complexity and Contradiction in Architecture, 1966.

23 鲁道夫·阿思海姆. 艺术与视知觉. 滕守尧, 朱疆源, 译. 中国社会科学出版社, 48.

24 任锐. 视觉传播概论. 中国人民大学出版社, 2008.

第七章

建筑意象

一、"美是难的"

本章的内容涉及美学理论。在建筑学堂教书，几十年下来，我脑子里最闹不明白的是与美学有关的问题。并非我未下功夫，实在是问题难办。

两千年前，希腊哲学家柏拉图（ Plato，公元前 427 —前 347 ）提出"美是什么"的问题。自此，无数哲学家、美学家围绕"美的本质"、"美自身"等基本问题进行探索、研究。学者们一代又一代，前仆后继，锲而不舍，可是，两千年下来，还没有得到能被普遍接受的答案，至今无解。

人们质疑"美是什么"问题本身。因为提问本身内在地含有美是实体存在的结论。盐是咸味的源泉，咸的饭菜是因为其中有盐。盐可以分离出来，看得见，摸得着，能独立存在。但是谁见过"美"？人们一直找不到客观存在的"美本质"、"美自身"，也看不到未来能找到的希望。因此有人认为"美是什么"这一提问对美学研究起了误导作用，问题本身有问题。

其实，当年柏拉图本人也感到这个问题难以回答，说过"美是难的"（又作"对美的阐释是困难的"）。

从无数审美对象中概括出共同的本质，非常之难，审美的范围不断扩大，"美"这个词已到了泛滥的程度，面对"泛滥"的"美"，要概括出公认的定义，指出其本质，难哉！

近百年来，美学屡遭冲击，面临困局。美学界学派蜂起，理论杂乱，各家自说自话，互不交集。美学领域甚至出现取消主义，美学本身的合法性都受到置疑。

两千多年过去了，人们对美还没有公认的解释。这在世界各种学术领域中是罕见的现象。

20 世纪 50 年代，我国曾出现过美学大讨论。由于时代的局限和"苏联美学模式"的影响，美学讨论中意识形态色彩十分浓厚，主观论美学受批判，朱光潜的主客观统一的美学观点不断遭受批评。

改革开放以后，中国美学界出现了新气象，20 世纪 80 年代以来，与全球文化广泛直接交流，国外新的美学思潮被介绍进来。如心理分析美学、完形心理学美学、自然主义美学、实用主义美学、实证主义美学、表现论美学、现象学美学、符号论美学等，五花八门、层出不穷。

许多美学家认为审美对象并非客观存在的事物，而是存在于艺术家和观赏者脑中的想象性事物。

英伽登（Roman Ingarden，1893 — 1970）认为："审美对象不同于任何实在对象"。审美对象是包含许多层面的复合性的"纯粹意向性对象"。[1]他写道："我们只能说，某些以特殊方式形成的实在对象构成了审美知觉的起点，构成了某些审美对象赖以形成的基础。一种知觉主体采取的恰当态度的基础……只有在这种时候，在一种特殊的情感观照中，

我们才能沉醉于构成'审美对象'的美的魅力之中。"²

萨特（Jean Paul Sartre，1905 — 1980）说："我们不能通过知觉体验'美的东西'，它的本性决定它在这个世界之外"。"艺术品是一种非现实"。³他说，一场音乐会结束了，"我们不能说第七交响曲结束了。是的，我们只能认为这一交响乐的演奏结束了。难道这还不说明演奏是这首交响曲的摹拟物吗？……因此，第七交响曲乃是超越现实世界的一种永恒的非现实……我没有真正听见它，我只是在想象中去倾听它。""实在的东西永远也不是美的，美是只适用于想象的事物的一种价值……"⁴

在朱光潜的主客观统一的美学观点都受到批判的年代里，萨特等的理论在中国无立锥之地。

如今，西方美学家从心理学、现象学、符号学等不同角度所做的研究成果被大量介绍，拓宽了人们的思路。许多美学学者在全球化视野下，进行多向的理论反思、改造和美学体系的转型。中国美学界从一元格局向多元格局转型，由意识形态话语向个体性话语转化。

这种状况，一方面带来种种疑惑，另一方面，美学的新进展可能对我们探讨建筑审美问题有启发，有助于我们做一些新的探索。

二、意象论美学

近些年我国有些美学家立足于中国传统文化，吸收中西美学的有益成果，以"意象"为核心，提出意象论美学理论。

就笔者所见，叶朗的著作《美在意象》，⁵作了系统的阐释，可供借鉴。较早出版的鲁西著《艺术意象论》，⁶对艺术意象也有很多的论述。

叶朗举唐代柳宗元的看法："夫美不自美，因人而彰。兰亭也，不遭右军，则清湍修竹，芜没于空山矣。"[7]指出美离不开人的审美体验，美不是天生自在的，不存在外在于人的、实体化的"美"。[8]

萨特写道："由于人的存在，才'有'（万物的）存在，或者说人是万物借以显示自己的手段；由于我们存在于世界之上，于是便产生了繁复的关系……这个风景，如果我们弃之不顾，它就失去见证者，停滞在永恒的默默无闻状态之中。"[9]20世纪的西方哲学家萨特与8世纪中国唐朝的思想家柳宗元的观点如此相近，而且都以风景为例，说得那么清明透彻，实在令人惊异和赞叹。

另一方面，又不存在一种实体化的、纯粹主观的美。禅宗马祖道一说："凡所见色，皆是见心，心不自心，因色故有"[10]梅花的显现，是因为本心，本心的显现，是因为梅花。

"美"在哪里？叶朗认为"美"在意象。

意象是审美活动中情景相生的产物。中国传统美学给予"意象"的最一般的规定是"情景交融"。"情"与"景"的统一是审美意象的基本结构。人通过对客观事物的感受、认识和体验，以主观的审美情趣对客观的审美对象加以改造，使内在的"意"和外来的"象"融合成有机的统一体，在头脑中形成意象。人的审美活动在物理世界之外构建一个情景交融的意象世界。这个意象世界是审美的对象，意象是美的本体。

审美活动的对象是意象。"象"不等于"物"。一座山，作为"物"（物质实在），相对说来是不变的，但是在不同时候和不同的人面前，山的"象"却有变化。"象"是"物"在人的知觉中的显现，是非实在的形式。"情人眼里出西施"，指的就是那女子在情人眼中的"象"。

同一外物在不同人面前显示为不同的景象，像山、水、花、鸟这些人们在审美活动中常常遇到的审美对象，表面看对任何人都是一样的，是一成不变的，其实并非如此。

梁启超写道："'月上柳梢头，人约黄昏后'与'杜宇声声不忍闻，欲黄昏，雨打梨花深闭门'，同一黄昏也，而一为欢欣，一为愁惨，其境绝异……'舳舻千里，旌旗蔽空，酾酒临江，横槊赋诗'与'浔阳江头夜送客，枫叶荻花秋瑟瑟，主人下马客在船，举酒欲饮无管弦'，同一江也，同一舟也，同一酒也，而一为雄壮，一为冷落，其境绝异。"[11]

什么是艺术品？

艺术家把他创造的意象，用物质材料加以传达，产生了艺术品。艺术品是意象的物化。

郑板桥有一段话讲自己画竹的过程："江馆清秋，晨起看竹，烟光、日影、露气，皆浮动于疏枝密叶之间。胸中勃勃，遂有画意。其实胸中之竹，并不是眼中之竹也。因而磨墨展纸，落笔倏作变相，手中之竹又不是胸中之竹也。"（《题画》）这段话说明画家将自己关于竹的意象物化为艺术品（画竹）的过程。

对艺术品的观赏是观赏者的审美活动。观赏者对艺术品进行感知、理解、欣赏的过程中，以主观的审美情趣对审美对象加以再创造的接受、联想和想象，在各自的头脑中形成相关的某种意象，这又是一次创造性活动。物化于艺术品中的意象在观赏者心中得到复活。观赏者心中复活的意象因人而有差别，与创作者心中的意象也有差异。

中国现在的建筑学源于西方，欧美的建筑学历史上长期受古典主义美学的影响。柏拉图认为："……美是永恒的，无始无终，不生不灭，不增不减的。"[12]又如毕达哥拉斯学派的观点："美是和谐"，和谐以数的比例为基础，以及"身体美存在于各部分之间的比例对称"，"一切立体图形中最美的是球形，一切平面图形中最美的是圆形。"[13]等都在传统建筑学中留下深深的印迹。如果说，那些美学观念曾经适应历史上发展缓慢、变化不多的建筑状况，那么，到了现代，已经不符合也无法解释现当代的建筑现象。

过去，中国建筑师受政治和意识形态的左右，思想受到束缚，建筑理论问题不可能得到自由讨论，更得不到合理的解释。如今，多种多样的学说帮助我们拓宽了眼界。

意象论美学认为人的美感不是纯主观的，也不是纯客观的，而是主观与客观结合的产物。胡家祥在《审美学》中写道："审美活动是一种对象化的活动，美并不能独立存在于客观的物中，也不是预先存在于主体的心中，而只能形成于联结主体与客体的审美经验中。

通常人们只知道没有客体就没有美，殊不知仅有客体没有进行审美观照同样没有美。"[14]

美感的形成既与审美对象的状况有关，又与主体的审美活动有关，少了一方当然不行，若一方水平不够格，也就无美感可言。笔者试打一比方，美感与痛感有相同之处：痛感源于刀伤及人的皮肉，没有刀子产生不了痛感，人的皮肉麻木也不觉得痛，刀子尖利，皮肉敏感，两者相触，人才产生痛感。

意象论美学对于研究建筑创作和建筑欣赏问题都有所裨益。

三、立意、构图与建筑意象

建筑师不用"意象"这个词，在设计中一向讲"立意"与"构图"，其实建筑师立意与构图的成果就是建筑意象。

不同艺术门类的意象各有特点。书法家写字、画家作画、雕塑家雕塑，自由度都比较大，意象化程度高，而房屋建筑与他们不同。

房屋建筑可大略分为两大类：一类，基本上只求实用与经济，数量上占绝大多数，满世界都有。它们采用一般型制，按通常做法建造。有时，房主找相近的案例，照猫画虎，就盖起来了。这样的房屋大量存在，造型平庸，人们对它也没有什么期盼。对于这类房屋建筑，只要外貌齐整，不令人讨厌就行，谈不上什么意象。

另一类，在要求适用的同时，又要求建筑的形象表情达意。表达的内容多种多样，常见的是：显示权威、财力、文化情趣，讲究文化品位和精致的情趣。这样的划分是相对的，实际上往往兼而有之，混搭在一起。

一些有地标意义的特殊建筑在筹建之初，就把建筑形象要显示的"意"放在首要位置。抗日战争前，1933 年，上海筹建市政府新楼，事先公开宣示："市政府为全市政府机关，中外观瞻所系，其建筑格式应代表中国文化，苟采用他国建筑，何以崇国家之体制，而兴侨旅之观感"等，上纲很高。

这些特殊建筑的形式、品相，确实是万众瞩目的焦点。北京的人民大会堂、国家大剧院、国家体育中心、央视新楼都是这样。在这类项目上，有关方面达成共识，如建筑形象需要，其他事项可以退让、迁就，也愿意多用些钢，多费些事，多投些银子。这类建筑给建筑师创作留有较大的空间，他们认真思考这些建筑应有怎样的建筑意象。

显示"权威"的建筑，大都严肃规整、借鉴传统。表现"财力"的建筑，意在炫耀，突出物质性和商业性，惹人注目。文化类建筑讲求情趣，看重格调品位，处理较为自由。这些建筑的意象化程度很高。

在很长的历史时期中，建筑造型受技术的限制，又有等级制度、建筑法式和各种规范的约束，建筑设计的自由度和个性成分相对较少，总的说来，建筑的活性较低。到近现代，社会整体有了大变化。建筑领域才真正出现百家争鸣，百花齐放的局面。众多原因之中有一条是，建筑师受过高等专业教育，文化素质高，社会地位也提升了，作为现代社会中的专业知识分子及自由职业者，他们有进行创造性工作的自觉和素养。意象论美学认为审美活动的对象是意象。意象是艺术的本体，按照这种观点，建筑艺术的本体也是意象。未来建筑将有怎样的形象，与设计早期阶段，建筑师脑海中经再三思考的"立意"，反复琢磨的"构图"而形成的建筑意象有决定性的关系。建筑师拟定的建筑意象，在设计和建造的过程中，一步步细化、完善，终于物化于建筑中。

建筑师"立意"与"构图"，创造未来建筑的"意象"，是建筑师的重要工作。但建筑不是纯艺术，建筑师在"立意"与"构图"时要综合解决多种不同性质的问题，建筑意象是综合处理艺术性和非艺术性问题的结果。

建筑的实用和技术问题是战术或战役性质的任务，由各专业的技术人员研究处理，最后总能得到解决。建筑意象偏重建筑的造型、样式、风格，它们影响人的视觉感受和接受效果，是有关乎全局和长远的战略性的大事。

在方案竞赛阶段，建筑师提出的未来建筑的意象，能否获得评选团组中多数人的青睐是胜败的关键，也是建成后受人赞赏与否的根本原因。

说文学意象是情景相生的产物已经够了。建筑是实在的物体，建筑意象还需有形。建筑意象是情、景、形的会合。不论在头脑中还是在纸上，建筑意象都必离不了形。建筑师创造建筑意象一面要运用抽象思维，同时也要发挥形象思维。建筑的"象"就包括"形"，离开形，就没有建筑意象。所以，建筑师创作时，既讲"立意"，又讲"构图"。其他造型艺术都是如此。汉语词汇中有"情—景"，又有"情—形"，是有道理的。建筑物，呈现在人们面前的基本是用各种建筑材料造成的墙、柱、屋顶、台阶等的组合体。建筑形式可以变化无穷，但都得服从实用需要和物理学、工程学、工艺学等的规律制约。房屋建筑的形象与众不同，十分独特，它们不像也不近似任何自然物和其他人工物。建筑意象本身就有高度综合性，视觉要求虽然占重要位置，但不是唯一的因素。房屋建筑就是房屋建筑，尽管建筑形式变化无穷，却谈不上叙事和再现。黑格尔称这类现象是"形式大于内容"。

日本学者柳宗悦说，在纸上画花鸟很容易，在纺织品上表现花鸟图形，则很不自由，因为曲线都是折线。他称工艺美术有"不自由性"，是"不自由的艺术"。[15] 建筑受实用、材料、技术、环境、造价等非艺术因素更多的制约，有更大的"不自由性"，与纺织品比，有过之而无不及，实是"非常不自由的艺术"。由此产生建筑意象的另一个特点：建筑物自身具体、实在，它的表意却朦胧、模糊、抽象。

尽管如此，古往今来的杰出建筑匠师创造出的卓越"建筑意象"，能产生令人惊奇、让人难忘的艺术效果。体现在帕提农神庙、应县木塔、天坛祈年殿、泰姬陵、巴塞罗那德国馆、流水别墅、悉尼歌剧院中的建筑意象，都是动人的例子。

四、悉尼歌剧院传奇

1956 年澳大利亚为建造歌剧院举行国际建筑设计竞赛，收到从世界上 32 个国家送交的 233 个建筑方案。

四人组成的评选团面对一大堆方案，挑来拣去，找不出一个满意的方案，竞赛几乎要落空。无奈之中，美国建筑师沙里宁把看过的方案重翻一遍，忽然取出一件，像发现宝物似的叫起来："先生们，这个好，这个好，可以上第一名！"大伙重新审查，最后，这个方案被选中了。

中选方案的设计者是丹麦建筑师伍重（Jorn Utzon, 1918 — 2008）。伍重提交方案时，时年 38 岁，澳大利亚无人听说过他的名字，设计悉尼歌剧院方案时，本人从未到过澳洲，没见过现场，只看了些港口的照片。他送去的图纸仅显示大略的建筑意象，他的方案中选后公众要看彩色透视图，他也没有，只好由悉尼大学一位讲师根据他的草图代他画出。

建筑师做设计，开始都先画"草图"。有人边画边想，脑子思考，手中的笔随即在纸上来回勾画；有人先想后画，打好腹稿，才从容下笔。不论怎样，或迟或早，未来建筑的大致形象逐步显现在纸上。这种图是初步立意与构图的产物。

草图往往很潦草，建筑师工作中最初构思时画的草图尤其简洁，只有几根线，但潦草的图形已能显示出思考的要点，不详细却全面，未来建筑的主要方面都考虑在内了。

1956 年，伍重送交的悉尼歌剧院方案十分简略，中选评议书写道："这个设计方案的图纸过于简单，仅是图解而已。虽然如此，经我们反复研究，我们认为按它表达的歌剧院构想，有可能造出一座世界级的伟大建筑。"

方案中选的消息传到伍重的耳朵，他自己也吃惊不小。六个月后，伍重才第一次去了悉尼。

有论者指出，伍重构思悉尼歌剧院的体形时受到墨西哥的玛雅高台建筑的启示，这是

悉尼歌剧院，约翰·伍重

可能的。伍重自称他惊异于北京故宫太和殿的宏伟。太和殿下部有三重白色石台基,上有重檐曲面琉璃瓦大屋顶,还有向上翘起的翼角。中国古典建筑这种稳重又飞扬的形象,在伍重构思悉尼歌剧院的大平台和向上翘的曲面屋顶时有所借鉴,也是有可能的。

伍重的设计方案实现起来难度非常大,远远超过一般建筑工程。许多实际问题和工程技术问题都没有解决。例如,伍重以为歌剧院的大屋顶可以按壳体结构做,可是,以结构技术著名的英国奥雅纳(Arup)公司接下任务,从 1957 年开始研究歌剧院的屋顶做法,工程师们在歌剧院屋顶结构设计上,前后干了 8 年,最终却不是按壳体结构施工的。

技术难题之外,还有政治干扰。南威尔士州大选,承包商闹别扭,建筑界争吵,学生上街游行,造价飚升,部长辞职,政党更迭,闹得不可开交,1966 年伍重辞职走人,任务由澳大利亚建筑师接手。

难题层出不穷,歌剧院工程停停建建,缓慢、艰难、曲折地进行着。到 1973 年 10 月 20 日,悉尼歌剧院才终于完工。20 世纪前期,现代主义建筑提出"形式追随功能"和"由内而外"的原则,这两个原则过于简单,有片面性。伍重的悉尼歌剧院方案突破了这两个口号的束缚,在 20 世纪 50 年代令人耳目一新。它的造型同世界其他的剧院,乃至一切建筑物都不相同也不相似。从所未见的独特、优美、原创性的建筑形象使它进入 20 世纪现代建筑艺术杰作的行列。

悉尼歌剧院的建造从 1957 年算起,到 1973 年落成,历时 16 年。造价从预计的 700 万美元升至 1.2 亿美元。当年名不见经传的丹麦建筑师伍重提交的"仅是图解而已"的方案,居然磕磕碰碰,克服重重困难,最终建成了。1973 年 10 月 20 日,悉尼歌剧院举行落成仪式,英国女王出席了典礼。

悉尼歌剧院的成功仰仗的是什么?饮水思源,应该回溯到伍重当初的立意与构图,也就是他脑海中出现的那个建筑意象。

悉尼歌剧院落成以后,人们看到港内岸边耸立起一座鲜亮明丽、形象饱满的建筑,它朝向大海，上部是硕大张扬的白色壳片，争先恐后地伸向天空，那座歌剧院像浮在水面的奇花异葩，又像海上的白帆，天上的白云，洁净的贝壳……全是美好的形象。在悉尼港的蓝天碧海之间，这朵"澳洲之花"是周围场景的焦点，令那片天地充满了诗情画意，引人遐思，令人难忘。这是悉尼歌剧院予人的建筑意象。

当初伍重送交的设计方案着实极不完备，如评议书所说，仅是一个"图解"，其中隐含着许多不易解决的难题，而打动评委的则是当时年青的建筑师伍重的建筑意象。后来虽遇到重重困难，人们锲而不舍，不轻言放弃，因为人们不愿舍弃那个建筑意象。歌剧院建成后好评如潮，也是由于那个独特又优美的建筑意象特别能吸引人们的眼球。

今天悉尼歌剧院屹立在悉尼海港岸边，受到美誉，伍重起初的"建筑意象"如同一粒种子，在各方的呵护培育下，长成世界建筑花园中一株奇葩。

五、赖特的流水别墅

对于重要和特殊的建筑，建筑意象的选择和确定是至关重要的一个环节，未来建筑形象的适当与否，品位之高或低，平庸还是杰出，能得到赞许还是遭到贬斥，都有决定性的作用。因此，中外建筑大师们从设计一开始，就为寻觅最恰当和最出众的建筑意象而大动脑筋，做大量别人看不见的工作。在建筑设计工作的这一时段，大费周章的重点就是建筑意象的创造。下面我们再看几个实例。

流水别墅（Kaufman House on the Waterfall）是 20 世纪美国杰出建筑大师赖特（Frank Lloyd Wright，1867 — 1959）的著名作品，也是 20 世纪世界现代建筑杰出作品之一。建筑位于美国匹兹堡市郊外一片山林中，那儿是富商老考夫曼的产业。他请赖特在那里建一座周末别墅。1934 年 12 月，赖特到现场踏勘，看中一个溪水从山石上跌落，

流水别墅，赖特

形成小瀑布的地点。他要求提供那里的地形图，要标出大岩石和大树的位置。次年 3 月，地形图绘成后，赖特又去了一次现场。

接下来的半年，赖特方面没有动静。老考夫曼着急了。1935 年 9 月的一天，他去拜访赖特，探听究竟。

其实赖特并未闲着。他一直在脑海中构思那未来的别墅。

赖特认为别墅要与自然环境紧密结合，他构思的中心是要将建筑与那个地点、那个环境紧密到不能分离的程度，是专为那个特定场地量身定做的，要做到那座别墅像是从那个地点生长出来的。这是赖特给别墅定的"意"，同时也在构想别墅的体形。赖特说："在接触纸面以前，要先在脑子里把建筑想出来，彻底只用脑子去想，不要去碰图纸，让它活在脑子里，逐渐得出更加确切的形式。"

赖特听说业主快到了，一句话不说，坐到绘图桌旁，铺开半透明的草图纸，用三张纸分别画出上、中、下三层的平面图。另一种说法是，赖特花十五分钟时间勾画出第一张草图，然后屏退众人，独自工作，第二天早餐时，大家就看到了全套草图。赖特打好腹稿，"胸有成竹"，画起来很快。

赖特将考夫曼的别墅悬架在小瀑布的上方，水从建筑底部跑出来，"明月松间照，清泉石上流"，流到岩边跌落下去，成小瀑布。赖特对老考夫曼说："我希望你不仅是看那瀑布，而且伴着瀑布生活，让它成为你生活中不可分离的一部分。看着这些图纸，我想你也许听到了瀑布流动的声音。"

宋代画家郭熙在《林泉高致·山川训》中说："世之笃论，谓山水有可行者，有可望者，有可游者，有可居者。画凡至此，皆入妙品。但可行可望，不如可居可游之为得。"[16]

明代造园家计成说"卜筑贵从水面"。本书印有一幅宋代山水画，画一座木构建筑真正立在流水之中，房子有窗帘或障壁，俨然是中国古代的"流水别墅"。亲水性是中国人的古老传统，在这一点上，赖特的观念、情趣与中国文化传统相通。将别墅建在溪流跌水的上方，使建筑与流水近得不能再近，体现最大的亲水性，应该说这是流水别墅"建筑意象"的最卓越的特色之一。

流水别墅各层的挑台左伸右突，伸向半空，人工建筑凹凸有致，与林泉山石犬牙交错，互相渗透，你中有我，我中有你。有一个石块曾是老考夫曼先前坐看风景的地方，赖特将那个石块原样保留在别墅室内。人工的建筑与天然环境融合到这个地步，真如天作之合。计成说中国园林追求的境是"虽由人作，宛自天开"。这也是流水别墅"建筑意象"的又一特色。

流水别墅所在地有溪水穿流，溪谷两边怪石嶙峋，树木茂密。宋代欧阳修《醉翁亭记》说："山行六七里，渐闻水声潺潺……峰回路转，有亭翼然临于泉上者，醉翁亭也。"流水别墅的情形是：山行十数里，渐闻水声潺潺，峰回路转，有美屋翼然临于泉上者，流水别墅也。那里也是"野芳发而幽香，佳木秀而繁阴，风霜高洁，水落而石出者，山间之四时也。朝而往，暮而归，四时之景不同，而乐亦无穷也"。

赖特说："在建筑学中，你关注的是精确的美学观念……对灵魂来说建筑如同诗歌。"[17]流水别墅充盈着诗意，是一首建筑诗。

流水别墅的超凡卓越，首先是由于建筑意象的超凡脱俗。

六、勒·柯布西耶的朗香教堂

勒·柯布西耶(Le Corbusier，1887—1965，以下简称柯布)是20世纪著名的建筑大师。前期是现代主义建筑运动的旗手和巨匠。二次世界大战之后，建筑作品风格明显改变。萨伏伊别墅和朗香教堂分别是他前后期不同建筑风格的代表作，两者相隔20年，而差别极大，建筑意象迥然不同，不像是同一个人的作品。怎么会这样？

1923 年，第一次世界大战打完不久，36 岁的柯布出版了《走向新建筑》，疾呼："一个伟大的时代开始了，这个时代存在一种新精神。"他看好工业化时代，认为"每个现代人都有机械观念……它是一种尊敬，一种感激，一种赞赏"。他在建筑界鼓吹革新。柯布说"住房是居住的机器"，"老的典范已推翻，历史上的样式对我们来说已无用处"。

1930 年落成的萨伏伊别墅是地道的方盒子。建筑采用钢筋混凝土框架结构，柱子是细长的圆柱体，墙面平而光，没有装饰，极度简洁。萨伏伊别墅显现的是机器美学和立体主义的建筑意象。

第二次世界大战后，现代主义建筑潮流的影响遍及全球，人们预期柯布在战后世界建筑舞台上会沿着现代主义的方向，继续引领世界建筑潮流。

不料，他走上了另一条路径。

1955 年，在法国孚日山区朗香地区的一个小山头上，柯布设计的一座小小的朝山进香圣母礼拜堂（The Pilgrimage Chapel of Notre-Dame-du-Haut, Ronchamp，以下称朗香教堂）落成。

造起来的朗香教堂如何呢？

人们见到，朗香教堂屋顶如船底，墙壁歪扭，墙面粗糙，窗孔零散，空间扭曲弯绕。四个立面都不一样，单看其一，想不出另外三面是什么模样，看了两面，还想象不出第三、第四立面的长相。四个立面，各有千秋，难以描述。

人们对它观感不一。常人不会说它优美、高贵、典雅、崇高。按建筑的常规常理，无论是结构学、构造学、功能要求、经济道理、还是艺术规律，都难以理解，都无法解释，都说不清楚。面对它那非常奇怪的造型，大多数人认为它十分怪诞，匪夷所思的感想油然而生。

除了金属门扇，这个 20 世纪 50 年代新建的房屋，几乎再没有什么现代文明的痕迹了。粗糙敦实的体块、歪扭混沌的形象，像岩石般沉沉地屹立在群山之中。"水令人远，石令

朗香教堂，勒·柯布西耶

人古"，它超越了现代建筑、近代建筑，也超越了文艺复兴和中世纪建筑，看来比古罗马和古希腊的建筑更早，像是远古时代巨石建筑的一种。那沉重的体块组合里似乎藏着一些奇怪的力，互相拉扯、支撑、作用。力没有迸发出来，正在挣扎，正在扭曲，正在痉挛，引而不发，让人揪心。

"白云千载空悠悠"，朗香教堂不仅是"凝固的音乐"，还是"凝固的时间"，时序都被它打乱了！

设计人明明是现代建筑大师，可是这个小教堂却不像20世纪文明国度里新造的建筑。人们感到陌生、突兀、怪诞、神秘、朦胧、诡谲、恍惚。与20年前柯布设计的萨伏伊别墅相比，差别太大了，对比太强烈了，看不出一点共同之处。

柯布说他想把朗香教堂做成"形式领域的听觉器件（acoustic component in the domain of form），它应像（人的）听觉器官一样的柔软、微妙、精确和不容改变。"

柯布在去现场考察时写了一些话："朗香？与场所连成一气，置身于场所之中，对场所的修辞，对场所说话。"他说："在小山头上，我仔细画下四个方向的天际线……要用建筑激发音响效果——形式领域的声学"。

在柯布的想法中，教堂要与所在场所连为一体，教堂被设想为一个声学器件，做得像听觉器官那样柔软、微妙，象征人与上帝声息相通的渠道，信众在那里与上帝沟通。这是柯布为朗香教堂拟定的建筑意象。

最终，这一建筑意象实现了。柯布怎么会造出这样的建筑？他当年大力推介的工业化时代新精神到哪里去了？

柯布自己给出一个提示，他说："自1918年以来，我每天作画，从不停顿。我从画中寻求形式的秘密和创造。日后，如果人们从我的建筑作品中看出什么道道来，他们应该将其中最深邃的品质归功于我私下的绘画劳作"。[18]

二战前，柯布的绘画与立体主义画派近似，题材多为几何形体、玻璃器皿之类。大战期间，他的画和雕塑作品中加入了人体器官之类奇怪形体。之后，题材愈见多样，形象益加奇怪，含意也更诡谲。那些并非随便涂抹，都有一定的寓意。从中可以看出，他的思想渐渐带有悲观、非理性及迷信的成分。

1947 至 1953 年间，柯布画了一系列图画，有的配了诗，1953 年结集出版，题名《直角之诗》（Le Poeme de L'Angle Droit，1953）这本诗配画体现了他后期的思想倾向。[19]

此书印数有限，只有 200 册。在书的扉页上，柯布将他的 19 幅图画缩小，组成一个神龛前悬挂的神幡式图案，上下分为 7 层，左右对称。最上一层排着 5 幅图。画中有公牛、月亮女神、怪鸟、山羊头、羊角、新月、独角兽、神鹰、半牛半人、巨手、哲人之石、石人头等。

30 年前，柯布把轮船、汽车、飞机、打字机、暖气推到前面。30 年后，他把神幡、半牛半人、哲人之石之类神话形象推了出来。他配写的诗也很神秘：

面孔朝向苍天

思索不可言传的空间

自古迄今

无法把握

······

水流停止入海的地方

出现地平面

微小的水滴是海的女儿

它们又是水汽的母亲。

此时的柯布已转而笃信魔力和魔法，人间事物承受宇宙苍天的支配，事物能够转化，对立两极同等重要。种种迹象表明他的内心世界发生了变化。

两次世界大战期间发生许多重大事件，1929 年世界经济大萧条降临，1933 年希特勒上台，1937年德国发动侵略战争，闪电战、俯冲轰炸机、集中营、焚尸炉。千百万生灵涂炭，无数建筑化为灰烬，城市满目疮痍。人性在哪里？理性在哪里？工业、科学、技术起什么作用？人类的希望在哪里？二次大战期间，有几位欧洲建筑大师移居美国，而柯布留在法国，亲睹战祸之惨烈，无可逃避，无法逍遥，他原先的信念破碎了，二次大战结束，他回到世界建筑舞台上来，依然是世界级大建筑师。然而，内心世界不比从前。

1953年3月，他说过这样的话：

"哪扇窗子开向未来？它还没有被设计出来呢！谁也打不开这窗子。天边乌云翻滚，谁也说不清明天将带来什么。一百多年来，游戏的材料具备了，可是这游戏是什么？游戏的规则又在哪儿？"[20]

这一时期，哲学家萨特等宣扬存在主义哲学，认为世界是荒谬的，存在是荒谬的。人是被抛到这个世界上来的，孤独无援。凭感性和理性获得的知识是虚幻的。人越是依靠理性和科学，就越使自己受其摆布。人只有依靠非理性的直觉，通过自己的烦恼、孤寂、绝望，通过自己非理性的心理意识，才能真正体验自己的存在。萨特说："存在主义……反对理性本身。"

经历过二战，柯布似乎成了存在主义的同道。

1965年8月27日，柯布在法国南部马丹角游泳时去世。

柯布创作思想的转变，清晰地表明，建筑师的建筑意象思维并不完全是孤立的个人的事，而必然受到社会状况和时代思潮的影响。

七、南京中山陵

清朝末期，欧美建筑首先在我国沿海的城市登陆。从此中国土地上除了固有的传统建筑，又有了外来建筑，它们被称做"洋房"。20 世纪二三十年代，一些到外国学习建筑设计的中国留学生逐渐归国，他们是中国第一代新型建筑师。我国的近现代建筑不是"内发自生型"，而是"外发次生型"。

为使新建筑具有中国特色，中国建筑师早就开始探索。1929 年南京首都计划规定政府建筑要采用"中国固有之形式"，1933 年上海建市政府大楼，要求"其建筑格式应代表中国文化"。在这方面，南京中山陵是一个成功的例子。

1912 年，孙中山在南京紫金山打猎，到一处场景开阔、气象万千的地点，他对左右的人说："待我他日辞世后，愿向国民乞此一抔土，以安置躯壳尔。"

1925 年 3 月 12 日孙先生逝世，当局即选定紫金山中茅峰南坡建造他的陵墓。

当年 5 月，葬礼筹委会向海内外悬赏征集陵墓建筑设计方案。要求"祭堂须采用中国古式而含有特殊纪念性质，或根据中国建筑精神特创新格"。

吕彦直 1911 年从清华毕业，到美国学建筑学，1911 年归国，在上海执业。他立即参加中山陵建筑设计方案竞赛。经两个多月的紧张工作，送去 9 张图纸和一幅油画效果图。这次竞赛共收到 40 多份方案。评选结果前三名都是中国建筑师，吕彦直第一。评选报告称："中外人士之评判者咸推此图为第一。"

吕彦直方案设一条壮观的中轴线，依次排列牌坊、陵门、碑亭、祭堂和墓室，宽阔的 339 级石台阶，构成依山势上升的阶梯式的参拜大道。中山陵的总平面形似警钟，寓意警钟长鸣。陵墓构成大尺度的整体空间，气势庄严雄伟。建筑物用花岗石建造，中式屋顶上覆蓝色琉璃瓦，吕彦直的设计不是单纯的中国古式，也非完全的西洋式，他将两者成功地融合在一起。

方案中选后，吕彦直负责全部工程之实施。1927 年秋起，吕彦直住宿山上，督办施工。在此期间他又完成了广州中山纪念堂的建筑设计。1929 年 6 月 1 日举行孙中山安葬典礼，然而这年年初吕彦直病倒，3 月 18 日即病逝，没能看到自己呕心沥血设计的中山陵的落成。

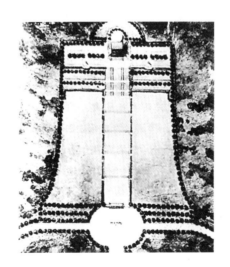

南京中山陵立面及平面图，吕彦直绘制

吕彦直死时年仅 35 岁。国民政府发布了对他的褒扬令。

当年评委会对吕彦直方案的评语写道："吕彦直之设计图，结构精美雄静，一望令人生凄然景仰之情，墓在祭堂后，合乎中国观念，所有设置均适合所征求诸条件，朴实坚固，堂中多色玻璃及几缕阳光透入，尤有西洋余风，形势及气魄极似中山先生气概及精神。"又有人著文称"采用吕彦直建筑师所绘图案，完全融合中国古代与西方建筑精神，特创新格，别具匠心，庄严俭朴，实惨淡经营之作，墓地全局适成一警钟形，寄意深远"。

建筑师吕彦直英年早逝，未及自述他的设计思想。上述评语传达出吕彦直设计的中山陵的建筑意象。

八、锦州辽沈战役纪念馆

辽宁省锦州市辽沈战役纪念馆是建筑师戴念慈 20 世纪 80 年代的作品。

解放战争时期，锦州地区进行过一次关键性的大战役。锦州烈士陵园为建造纪念馆，进行了 4 次建筑设计竞赛，收到过 30 多个方案，但都不够满意，因而又请戴念慈设计，1986 年，他的方案很快被接受。

当年参加过辽沈战役的老军人对纪念馆提出两点要求：一是突出军事斗争的特点；二是突出民族风格。

戴念慈的方案采用工字形布局，整座建筑由光墙面的体块组合而成，敦厚壮实，墙面为花岗石，墙上只开少量细狭的窄窗，顶部女儿墙做成城墙雉堞形状，显示军事斗争的意味。纪念馆展后部有一个高大的全景展厅。建筑造型厚重坚实，下部的长条玻璃窗又带来轻盈感，建筑侧面开有大圆孔洞。这座纪念建筑庄重而新颖。

为具有中国民族风格，戴念慈画龙点睛似的在主入口做了中国式的牌坊。牌坊在传统

锦州辽沈战役纪念馆，戴念慈设计

上有纪功碑的含义，用在这里十分恰当。这个牌坊的形象高度简化，老的文化符号简化变形，既传统又新颖，正适合纪念中国人民解放战争的胜利。

戴念慈（1920—1991）是中国自己培养的建筑师，有深厚的建筑设计功力。他每做一个设计态度都十分严谨，都要认真思考，反复推敲，直到业主和自己都满意为止。他主要从事设计实践，同时又认真思考中国建筑的方向问题，写过多篇理论文章。

戴念慈在中国建筑的本土化问题上有一个思想变化过程。后期他写道："采用旧形式是为了解决面临的问题，已经不能或不利于解决问题的旧形式当然不必采用；所采用的旧形式和新功能之间应有个合乎逻辑的理性关系，否则就要加以改造。"他说："根据新的内容对旧形式进行改造加工，以适应新的需要，这样做，我认为其实也是一种革新。"（1988）辽沈战役纪念馆是戴念慈在创造有中国特色的现代建筑道路上成熟的一个作品，特点是综合运用中外古今的建筑经验，重点在于创新，与哲学家张岱年所提"综合创新"的观点不谋而合。

戴念慈接受、领会老战士的意愿，结合自己的技艺经验，产生辽沈战役纪念馆的建筑意象，成功建造了解放战争中那次重大战役的纪念建筑。

九、前辈的经验

建筑意象在建筑师们脑与手的联动中产生，产生的方式，各有千秋，有快有慢，时间有长有短。无论怎样，熟练的建筑意象思维都是一名建筑师经过较长时间的学习、钻研，在实践过程中得来的。具备了这种才能，再结合当下具体任务的环境、需求、条件，经过脑海中艰辛的分析、思索，反复的尝试、筛选，而后得到的成果，中外古今那些建筑杰作体现的建筑意象，都是杰出建筑师的心血结晶，值得年青人借鉴。

建筑设计单位一般都有几名擅长做方案的建筑师,他们在施工图设计方面不一定熟练,却常在设计竞赛中取胜,争来项目。丹麦建筑师伍重就这样的一位。

(一)伍重

伍重富于想象,擅长做方案,参加悉尼歌剧院竞赛时 38 岁,在此之前,多次参加丹麦国内的建筑设计竞赛,六次中选,可见他长于建筑意象思维。他何以这样出色呢? 这与他很早就有意识、有目的地到世界许多地方参观建筑、投师问学有关。欧洲不用说了,1956 年之前,伍重已去过美国、墨西哥、摩洛哥、印度、尼泊尔、日本及中国等地参观学习,在美国拜访过建筑大师赖特。

值得一提的是,他早在 1955 年,到北京专门拜访了梁思成先生。那时中国的情况与今天大不相同,来中国的西方人极少,伍重不仅参观中国古建筑,还专门向梁先生登门求教。由既可见年青的伍重不但热衷学习还善于学习。在广泛的游学中,他的脑海中累积了许多当时西方建筑师少有的异域建筑之"意"和"象"。(他在北京时画过一张简单速写,下部几条横线,上部有向上翻卷的弯线,似是故宫太和殿建筑给他的印象。我怀疑这个印象对他构想悉尼歌剧院的形象有所启发。可惜当时未记下出处,现在翻来翻去也找不到这张速写图了)。

伍重以简略的图解般的方案拿下悉尼歌剧院设计任务,是厚积薄发的表现,并非出于偶然和好运。

(二)贝聿铭

华盛顿国家美术馆东馆是美籍华裔建筑师贝聿铭的著名作品。在原有的国家美术馆东面扩建一座新屋,难度极大。用地是一个梯形,不远处是美国国会大厦。地块周围都是地道的古典主义建筑。贝聿铭说:"那里可能是美国最敏感的地皮"。"特别是林荫大道充满传统气氛，对美国人来说那里是神圣的地方"。与老馆的关系就不容易处理：靠在一起、连成一片，还是互相独立、互不牵扯？东馆严格的环境条件对任何建筑师都是非常严肃的挑战。贝聿铭认为老馆本身十分完整，不可能加以变动，新老两之间不必有实体连接，只要有某种呼应即可。关键在于梯形地块怎么利用。为了做好东馆的设计，馆长与贝聿铭等人用三星期时间专程到欧洲参观了许多新老美术馆。

贝氏在一次飞回纽约的飞机上，拿一支圆珠笔在一个信封背面画一个梯形，接着随手乱画，忽然涌出一个想法。他说："我在梯形里面画了一条对角线，梯形分成了两个三角形地块，大的一个用作美术展览，小的给美术馆的研究中心。一切就这么开始了。"

贝聿铭自己说："这是最重要的一着，就像下棋，你走了一步好棋，你就可能获胜；如果一着失误，可能全盘皆输。我想在我们的设计中，第一步走对了。"

东馆的设计和造型没有拿古典主义的老馆做样板，没有去仿效它。如果那样做，也会获得不少人的赞许，而且比较省心省力。但那样做，是仿造，创造性就少了。贝聿铭的做法是让"新馆成为老馆的兄弟"。既是兄弟，又相差 37 岁，就不必做得完全相同，只需在某些方面有一些共同的特征，具有一些"家族相似性"就可以了。

贝聿铭讲他自己做设计常经历苦恼的过程："当我必须找出正确的设计方案时，我全身心投入工作，无法再想其他事情。这过程也许是几个小时，也许整整一个月睡不好觉，容易发脾气。我不断地勾画方案，又不断地放弃。"

表面看来好似神来之笔，一蹴而就，其实都是艰苦探索，费尽心机得来的果实。

（三）雅马萨奇

原纽约世界贸易中心大厦（2001 年 9 月 11 日遭恐怖分子袭击被毁）的设计者是日裔美籍建筑师雅马萨奇，又译作山崎实（Minoru Yamasaki，1912 — 1977）。

有记者问他的建筑构思如何产生时，他就一个实例说："那一次，我先独自搞了三个星期，然后才对别人谈起。我不是一直坐着画图，有时坐下来看些书，有时出去走一走——但始终想着那些问题。这样又过了三个星期，我感到沮丧。星期六，我去办公室取一件毛衣，一家人在等着我，我们要到一个地方去。到了办公室里，我觉得自己必须得再工作五分钟，啊，我一下子弄出来了。"记者问："这五分钟有多长？"雅马萨奇答："约摸差不多一个小时，我画出了基本草图，还有一张透视图，足够说明我的意图。"

实际上，雅马萨奇一向是这么做的，"接到一个任务，我经常要工作人员进行空间分析，做基本平面，他们干几个星期。这期间我考虑的是'我要为这座建筑做些什么'。我认为建筑要让人感到美、愉悦、宁静、精致。到一定时候，我坐下来，想法一下子出来了。这并非什么灵感，而是整个思考过程成熟以后涌现出来的"。

创作开始，雅马萨奇抓大放小，他本人重点思考的即是建筑意象问题。

他说"不管一名建筑师有多么卓越，他在很大程度上仍然要受雇主、人民，以及周围社会的态度和观念所制约"。这是实在话。

（四）勒·柯布西耶

从 1920 年到 1940 年，他与堂兄皮埃尔·让勒亥（Pierre Jeanneret）合开事务所。除了工艺美术学校，柯布没有受过正规的建筑教育。他从在故乡造简单的房子做起，先后到维也纳、柏林、巴黎等地，在当时先进的建筑师事务所中边做边学。在巴黎与新潮文艺家来往，吸取前卫的艺术理念，既画画又写作。另外，他到意大利、希腊亲见欧洲古典建筑名作，在地中海沿岸体验各地的乡土建筑。我们从柯布留下的大量速写画中看出，他从青年时代起，手就非常勤，看到什么都用速写画记下来，他的速写画又快又好，从青年到老年，越往后越简练。柯布 73 岁时还特别讲到看与画的关系，他说："为了把我看到的变为自己的，变成自己的历史的一部分，看的时候，应该把看到的画下来。一旦通过铅笔的劳作，事物就内化了，它一辈子留在你的心里。"

他的建筑学识和才能来自实践和游学，从少年时起，他就像海绵吸水一样，广泛吸收和积累多方面的知识、技能、思想、观点，不停地充实自己。他是靠自学和实践成长的。

柯布没有否定建筑艺术，也没有在建筑师与工程师之间画等号。他在《走向新建筑》中也强调："建筑是运用自然界的材料建立动人的关系"，"建筑超越实用性"，"建筑是造型艺术"等。柯布写道："一所房子的设计，它的体量和立面部分地决定于功能需要，部分地决定于想象力和形象创作"，"建筑是各种体量在阳光下精练的、正确的和卓越的处理"，"轮廓线是建筑师的试金石，可以看他是否称得起一个造型艺术家"。他强调建筑各部分的比例关系非常重要："一张漂亮的面孔异于寻常之处全在于各个部分的美好和各部分之间的关系具有突出的匀称。"他认真分析了埃及、希腊、罗马的古代建筑，指出它们对今天建筑师有益的启示。

那么，朗香教堂是怎样构思出来的？

关心建筑的人对这个题目大概都有兴趣。如果柯布先生健在，当然最好是请他自己给我们解说清楚，可惜四十年前他去世了。其实，柯布生前也说了和写了不少关于朗香的话语，是很重要的材料。可还是不够。应该承认，有时候创作者本人也不一定能把自己的创作过程讲得很清楚。在朗香建成好几年后，有一次柯布自己又去到那里，他还很感叹地问自己："可是，我是从哪儿想出这一切来的呢？"柯布不是故弄玄虚，也不是卖关子。艺术创作至今仍是难以说清的问题，还有待长期深入的科学研究。柯布去世后，留下大量的笔记本、速写本、草图、随意勾画和注写的纸片，他平素收集的剪报、来往信函等，各种材料加在一起，使我们今天对于朗香教堂的构思过程有了稍为清楚一点的了解。

关于自己通常的创作方法，柯布有下面一段叙述：

"一项任务定下来，我的习惯是把它存在脑子里，几个月一笔也不画。人的大脑有独立性，那是一个匣子，尽可能往里面存入与问题有关的大量资料信息，让其在里面游动、煨煮、发酵。之后，到某一天，喀哒一下，内在的自然的创作过程完成。你抓过一支铅笔、一根炭条、一些色笔（颜色很关键），在纸上画来画去，想法出来了。"

这段话讲的是动笔之前，要作许多准备工作，在脑子里暗中酝酿。

创作朗香时，在动笔之前柯布同教会人员谈过话，深入了解天主教的仪式和活动，了解信徒到该地朝山进香的历史传统，探讨宗教艺术的方方面面。柯布专门找来有关朗香地方的书籍，仔细阅读，并作摘记，把大量的信息输进脑海。

把教堂建筑视作声学器件，使之与所在场所沟通，信徒来教堂是为了与上帝沟通，声学器件象征人与上帝声息相通的渠道和关键。可以说这是柯布设计朗香教堂的建筑立意，一个别开生面的奇妙立意。

另一幅画在速写本上的草图显示东立面。草图只有寥寥数笔，但已给出了教堂东立面的基本形象。其他一些草图进一步明确教堂的平面形状。有一张草图勾出教堂东、南两面的透视效果。初步方案图送给天主教宗教艺术事务委员会审查。委员会只提了些有关细节的意见。

随即进入推敲和确定方案的阶段。这时为进一步推敲设计做了模型，一个是石膏模型，另一个用铁丝和纸扎成。对教堂规模尺寸做了压缩调整。柯布说要把建筑上的线条做得具有张力感，"像琴弦一样！"整个体形空间变得愈加紧凑有劲。把建成的实物同早先的草图相比，确实越改越好了。

回到柯布自己提的问题：他是从哪儿想出这一切来的呢？这个问题也正是我们极为关心的问题之一。是天上掉下来的吗？是梦里所见的吗？是灵机一动，无中生有出现的吗？研究人员丹尼尔·保利（Daniel Pauly）经过多年的研究，解开了朗香教堂形象来源之谜。保利说柯布是有灵感的建筑师，但灵感不是凭空而来，灵感也有来源，源泉是柯布毕生广泛收集、储存在脑海中的巨量资料信息。

柯布讲过一段往事：1947 年他在纽约长岛的沙滩上找到一只空的海蟹壳，发现它的薄壳竟是那样坚固，柯布站上去壳都不破，他把这只蟹壳带回法国，同他收集的许多"诗意的物品"放到一起。正是这个蟹壳启发出朗香教堂的屋顶形象。保利在一本柯布自己题名"朗香创作"的卷宗中发现柯布写的字句：

厚墙

一只蟹壳

设计圆满了

如此合乎静力学

引进蟹壳

放在笨拙而有用的厚墙上

朗香教堂的屋盖由两层薄薄的钢筋混凝土板合成，中间的空挡有两道支撑隔板。柯布的一幅草图表示这种做法仿自飞机机翼的结构。朗香那奇特的大屋盖原来同螃蟹与飞机有关。

朗香教堂有三个竖塔，上端开着侧高窗，天光从窗孔进去，循着井筒的曲面折射下去，照亮底下的小祷告室，光线神秘柔和。这采光的竖塔很像一个潜望镜的作用。不过，柯布采用这种方法是从古代建筑中得到启发。1911 年他参观古罗马建筑，发现一座在石山中挖出的地下祭堂，光线是由管道把上面的天光引进去的。柯布当时画下这特殊的采光方式，称之为"采光井"。几十年以后，在朗香的设计中，他有意识地运用这种方式。在《朗香创作》卷宗里，在一幅草图旁边柯布写道："一种采光！于 1911 年在蒂沃里古罗马石窟中见到此式——朗香无石窟，乃一山包。"

朗香教堂的墙面处理和南立面上的窗孔开法，据认为同柯布 1931 年在北非的所见的民居有关。他注意到摩札比人在厚墙上开窗极有节制，窗口朝外面扩大，形成深凹的八字形，自内向外视野扩大，自外边射进室内的光线又能分散开来。

朗香教堂屋面雨水全都流向西面的一个水口，经过伸出的一个泄水管注入地面的水池。研究者发现，那个造型奇特的泄水管也有其来历。1945 年，柯布在美国旅行时经过一个水库，他当时把大坝上的泄水口速写下来。朗香教堂屋顶的泄水管同那个美国水利工程的泄水口确实相当类似。

这些情况说明像柯布这样的世界大师，其看似神来之笔的构思草图，原来也都有其来历。当然，如果我们对一个建筑师的作品的一点一滴都要生硬地、牵强附会地考证其来源根据是没有意义的。建筑创作和文学、美术等一切创作一样，过程极其复杂，一个好的构思像闪电般显现，如灵感迸发，难以分析甚至难以描述。重要的是从朗香教堂的创作，我们可以看到那是在怎样的深广厚实的信息资料积蓄之上的灵感迸发。

从柯布创作朗香教堂的例子，还可以看到一个建筑师脑中贮存的信息量同他的创作水平有密切的关系。从信息科学的角度看，建筑创作中的"意"属于理论信息，同建筑有关的"象"属于图像信息。建筑创作中的"立意"，是对理论信息的提取和加工。脑子中贮存的理论信息多，意味着思想水平高，立意才可能高妙。有了一定的立意，创作者接着向脑子中贮存的图像信息检索，提取有用的形象素材，素材不够，就去收集补充新的图像信息（看资料），经过筛选，融汇，得到初步合于立意的图像，于是下笔，心中的意象见诸纸上，形成直观可感的建筑意象，雏形方案产生了。然后加以校正，反复操作，直至满意的形象出现。

我们的脑子在创作中能将多个已有的形象信息——母体形象信息，或是它们的局部要素，加以处理，重新组合，重新编排，产生新的形象——子体形象信息。人类的创造方法多种多样，信息杂交也是其中重要的一个途径。朗香教堂的形象塑造在很大程度上采用了这种方式。

朗香教堂的创作，同柯布毕生花大力气收集、存储同建筑有关的大量信息——理论信息与图像信息有直接关系。在此基础上，柯布一生创造出多种多样的，差异极大的建筑意象。作品的创造性与理论和图像信息量，即脑海中"意"与"象"的贮存量成正比。

柯布告诉人们，建筑师收集和存贮图像信息最重要的也是最有效的方法是动手画。他说"……为了把我看到的变为自己的，变成自己的历史的一部分，看的时候，应该把看到的画下来。一旦通过铅笔的劳作，事物就内化了，它一辈子留在你的心里，写在那儿，铭刻在那儿。要自己亲手画。跟踪那些轮廓线，填实那空档，细察那些体量等，这些是观看时最重要的，也许可以这样说，如此才够格去观察，才够格去发现……只有这样，才能创造。你全身心投入，你有所发现，有所创造，中心是投入"。

柯布常讲他一生都在进行"长久耐心的求索"。朗香教堂最初的有决定性的草图确是刹那间画出来的，然而刹那间的灵感迸发，却是"长久耐心的求索"的结晶。

王安石诗："成如容易却艰辛"，勒柯布西耶的作品也是这样创造出来的。

1　英伽登. 审美经验与审美对象.

2　李普曼编. 当代美学. 光明日报出版社 , 1986:288,284.

3　萨特. 审美对象的非现实性.

4　李普曼编. 当代美学. 光明以报出版社 , 1986:137-14.

5　叶朗. 美在意象. 北京大学出版社 , 2010.

6　鲁西. 艺术意象论. 广西教育出版社 , 1995.

7　柳宗元. 邕州柳中丞作马退山茅亭记.

8　叶朗. 美在意象. 北京大学出版社. 2010:44.

9　萨特. 为什么写作. 转引自 : 叶朗，美在意象.

10　普济. 五行会元 (卷三). 中华书局 , 1984.

11　梁启超. 自由书·惟心. 饮冰室文集 (第二册). 中华书局 , 1989.

12　柏拉图. 文艺对话集. 人民文学出版社 , 1963:272.

13　赛德利. 古希腊罗马哲学. 三联书店 , 1957.

14　胡家祥. 审美学. 北京大学出版社 , 2000:66.

15　柳宗悦. 工艺文化. 中国轻工业出版社 , 1991.

16　王蒙（元代）. 具区林屋.

17　莱特. 赖特论美国建筑. 中国建筑工业出版社. 2010:41.

18　转引自美国《Architecture》杂志. 1987(10):31.

19　勒·柯布西耶. 直角之诗扉页.

20　勒·柯布西耶. 勒·柯布西耶全集 :1946 - 1952. 中国建筑工业出版社 , 2005.

宋代的流水别墅

第八章

物化的宗教与凝固的权力

在建筑中，人的自豪感、

人对万有引力的胜利和追求权力的意志都呈现出看得见的形状。

建筑是一种权力的雄辩术。

——尼采

外国贤哲说："建筑是凝固的音乐"，此言有诗意，有深度，引人遐思。不过，要悟透也不容易。本章"凝固的权力"指为政治权力服务的建筑，"物化的宗教"指宗教性建筑。提出这两类建筑，因为它们是世界建筑历史上重要的内容，在很长的历史时期中，这两类建筑体现那个时代建筑技术与艺术的最高成就。

一、宗教与建造活动

从考古遗迹看，建构宗教性的设施可能是人类最早的建造活动。

宗教在人类历史上起的作用，广泛而深刻。现代人受科学教育及各方面去魅化的影响，宗教观念和情感大为减退，在许多人那里是零。我们不能以当今世界宗教的状况去揣度宗教在人类历史上发挥的巨大作用。

宗教是非常复杂的现象，有人类就有宗教。人类早期的知识、思想和情感都以宗教的形态表现出来，宗教史与人类文化史一样久远。

起初，先民以一块立石、一片土台，一个石堆，一棵老树作为祭祀膜拜的对象和设施，后来逐渐出现各式各样的寺庙、教堂等宗教性建筑，在建筑历史上，宗教建筑十分突出，十分耀眼，是内涵丰富、形象特殊的建筑类型。

在过去的观念中，活人的住房并非只供人住，除了天上的神灵关注和造访外，还有本家本族的鬼神冥冥中陪伴着你。上世纪中期，有一部美国电影名《鬼魂西行》，讲一位美国富豪买下一座英国的古宅，拆散装船运到大洋彼岸的美国。不料重建以后时常闹鬼，屡生怪事。原来是英国古屋中原住的鬼魂不愿离开该宅，也随着老屋漂洋过海，继续寄住在重建的房子里面。

二、宗教鼎盛时代的宗教建筑

当人能建造有遮盖的房屋，让信众在屋内或院内举行宗教仪式时，成熟的、正规的宗教建筑就出现了，那里是进行主要宗教活动的地方。

四千多年前，古埃及人用石块建造了宏伟的金字塔，它们是带有宗教性的皇帝们的陵墓。后来古埃及皇帝被当作太阳神的化身，兴建起崇奉皇帝——太阳神的"阿蒙庙"，即太阳神庙。凯尔奈克阿蒙神庙规模最大，始建于公元前 1800 年，中轴线上建有多个牌楼、殿堂和庭院，全部用石料。最大殿堂内部净宽 103 米，进深 52 米，内有 134 个石柱，中间两排石柱高 21 米，直径最大处 3.57 米，柱子顶着的石梁长 9.21 米，重 65 吨，4 000 多年前建成这样规模的石头庙宇，至今令人惊奇不已。从原始的简单的宗教性设施到古埃及成熟的石造神庙，其间经过长达数千年至数万年的演进过程。

在埃及人建造阿蒙神庙之后，过了十多个世纪，希腊雅典卫城上出现著名的帕提农神庙（Parthenon）。它是一个长方形的石头庙宇，周围一圈柱廊。庙内供奉雅典保护神——雅典娜。帕提农神庙体现古代希腊的时代特色和高度发展的文化艺术。它不仅是一个古代特殊的宗教建筑，而且被认为是世界古代建筑史上最卓越的成就之一。

古罗马人运用拱券结构建造出有宽大内部空间的民用和宗教建筑。罗马万神庙（Pantheon，Rome）内部是一个没有柱子的圆形大殿堂，直径达 43.3 米，上面是一个圆形穹顶，如果有一个直径 43 米的气球放进去正合适。万神庙浑圆完整的内部空间用以供奉四面八方的神灵，正合乎当时多神教的需要。穹顶正中留一圆孔，直径 8 米，直通天空。

罗马帝国灭亡后，中世纪的欧洲分裂为许多小的王国和封建领地，史称"黑暗时期"。到公元十世纪，欧洲经济渐渐复苏，出现一些作为手工业和商业中心的城市，城市繁荣起来并争取到一些自治权。

在中世纪的欧洲，基督教势力空前强大。人们的生活，从物质到思想，都受宗教观念和教会的控制。最重要的建筑是教堂。小而分散的城市资源有限，工匠们只有少量小块石料可用，他们巧干精干，精细施工，创造出一套特殊的结构体系。特殊之点是用小块石料建造细而高的石柱，其上为尖形拱券，形成高大轻灵的室内空间。这种特殊型制和风格的教堂风行一时，被称为"哥特式建筑"，德国科隆大教堂是一个典型代表。意大利米兰大教堂总面积 11 700 米，可同时容纳 35 000 人做弥撒，是世界第三大教堂建筑。教堂上部耸立着 135 个尖塔，每个塔尖上有一雕像。整个教堂的内外共有 3 159 个人物雕像。英国作家劳伦斯说它是在模仿刺猬的形态，美国作家马克·吐温说"米兰大教堂是用大理石写的诗。"

"哥特"人是当年北方的蛮族。文艺复兴时期的人把上述教堂建筑称作"哥特式"，指其不是正统，含有蔑视之意。实际上，哥特式教堂结构和构造异常精巧细密，工匠用很小的石块，大胆地构筑出高大宽敞的建筑物。石造的建筑有高高的尖拱顶，细而高的石柱，宽大的彩色玻璃窗。一眼看去像是石造的框架建筑，细巧程度几乎可与金属框架相比，又称石造的"灯笼式建筑"。

之后，欧洲进入文艺复兴时期，人们重新尊崇古代希腊罗马的文化，建筑领域也以古希腊罗马时期的建筑艺术形式为范式，教堂建筑摒弃哥特式形制，古典柱式大行其道。文艺复兴时期最宏伟的宗教建筑首推罗马的圣彼得大教堂，那是世界第一大天主教堂。在近现代，人们继续建造宗教建筑，但热忱和规模渐不如往昔。

从古至今，庙宇的形式样态真是多种多样，有的庄严，有的亲切，有的繁琐，有的简洁，有的华丽，有的朴素，有的威严神秘，有的亲和面善。过去，一种宗教的庙宇在很长时期内有相对固定的建筑式样。到了近现代，宗教建筑的样式形态，和其他建筑一样，也越来越自由，越来越新奇，走向多样多元。

如果历史上不曾建造那些著名的宏伟的庙宇，没有出现埃及神庙、雅典帕提农神庙、巴黎圣母院、科隆大教堂、伊斯坦布尔的圣索菲亚大教堂、山西五台山的佛寺、四川峨嵋的寺院、柬埔寨的吴哥窟及世界各地的寺庙教堂，世界和中国的旅游业就少了许多有强大吸引力的项目。

罗马的圣彼得大教堂是世界上最大的天主教堂，1506 年动工，中途经过改动，1626 年建成现在的外观，1667 年建成现在的广场。圣彼得大教堂是天主教廷和教皇的教堂。圆穹顶高 137.7 米，直径 41.9 米，装饰富丽堂皇，是世界最雄伟豪华的宗教建筑。

宗教建筑的意义何在？

这要看对谁而言，宗教建筑对不同的人有不同的涵义，最最重要的是看它对本教本宗的信徒的意义。每种宗教的庙宇在自己的虔诚的教徒心目中，是神圣的或近乎神圣的场所。

三、建筑如何具有宗教性

寺庙、教堂、道观都是用土木砖石建成的人造物，怎么就有了神性？

对此，黑格尔提出一种解释。他说："建筑的任务在于对外在的无机自然加工……它的素材就是直接外在的物质，即受机械规律约制的笨重的物质堆；它的形式还没有脱离无机自然的形式……用这种素材和形式并不能实现作为具体心灵性的理想，因此，在这种素材和形式所表现的现实尚与理念对立，外在于理念而未为理念所渗透，或是对理念还仅有抽象的关系。"到这一步，"建筑借此替神铺平一片场所，安排好外在环境，建立起庙宇，作为心灵凝神观照它的绝对对象的适当场所。它还替他信士群众的集会建筑一堵围墙，可以避风雨，防野兽，并且显示出会众的意志，显示的方式虽是外表的，却是符合艺术的。"至此，"建筑已经把庙宇建立起来了，雕刻家的手把神像摆到庙里去了，于是第三步就是这个显现于感官的神在庙里宽广的大厅里面对着他的信士群众。"黑格尔说："到了这一步，建筑就已经越出了它自己的范围而接近比它高一层的艺术，即雕刻。"[1]

黑格尔分析得很细致。按照他的解释，建筑只是"安排好外在环境"，庙宇要能够真正成为宗教性建筑，宗教性的雕塑、绘画及相关的装饰是不可或缺的。实际上，除了雕塑与绘画，肃穆的宗教音乐、信众的诵经声、钟声、木鱼声、昏暗的光线、摇曳的烛光、缭绕的香烟等，都对人的心理产生作用，强化场所的神秘与神圣气氛。

事情正是这样。在漫长的历史上，希腊雅典卫城上的建筑，在雕塑、装饰方面稍加改换，在不同时期，先后被用作东正教堂、天主教堂和清真寺。伊斯坦布尔的圣索菲亚大教堂建成后，作为基督教教堂用了九百多年，作为清真寺使用了四百多年，如今是圣索菲亚博物馆。在近代的中国，国人也常把寺庙里的佛像请出去，寺庙就成了学校、工厂、宿舍、仓库。抗日战争时期，笔者数度在"庙改校"的小学和中学里念书。

无论哪一种宗教，都宣示在人的世俗世界之外，存在一个神圣世界。神圣世界被认为是永恒的、纯洁的、至善的、超越的、全能的和神秘的。神圣世界在不同宗教中有不同的名称：天堂、天国、上天，西天、极乐世界等。神圣世界的主宰也有不同的称呼：神、佛、主、天主、真主、上帝、老天爷等。共同之处在于信众深信神圣世界能为世俗世界的信众提供救助和福祉。看不见的高高在上的神祇，能保佑和救助本教的信众。

信徒在寺、庙、教堂、神庙等特定的场所中举行仪式，向神顶礼膜拜、上香、奉献祭品、祈祷、忏悔、发愿，聆听神父、牧师、和尚、阿訇、活佛等神职人员的讲经、布道，由此获得神圣世界的教诲和指点。每种宗教的高阶神职人员，教宗、主教、高僧大德，被认为是通神者，至少，在仪式过程中，他们是神圣世界的代表或代言人。在这些场所的活动中，虔诚的信徒认为自己与神圣世界有了联系，与天国的领导者有了沟通，由此精神上得到慰藉、解脱和解救。

波兰社会人类学家马林诺夫斯基（B.Malinowski，1884—1942）指出，人对神的笃信是一种宗教情感，一种文化心理，而且是希望与恐惧交织的双重心理。他写道："稠人广众中动人观听的礼，其影响便在信徒中有传染作用，共信共守的行为有庄严感人的作用，全体如一的举办真挚肃重的礼，足使没有关系的人大受感动，更不用说当事人在里面的了。"[2]在教堂庙宇中进行的宗教仪式将信徒结合在一起，个人的体验变成共同的体验，群体化的宗教情感深化信徒的宗教意识和宗教情感。

人能"爱屋及乌"，反过来，也可"爱乌及屋"。教徒们在庙宇中与神界沟通，那个场所，那个建筑，或那儿的核心部位，成了人与神的交往空间，是世俗世界与神圣世界的联结点，庙宇里的活动是神圣的，在教徒们的心目中，庙宇建筑也神圣化了。

人类早就将许多事物，包括岩石、植物、动物、雷电、风雨等视为"神显"，即神力的显现，这些事物在一些人眼中具有神圣性。美国宗教学者米尔恰·伊利亚德（Mircea Eliade，1907—1986）在所著《神圣的存在》中写道："在某些地方、在一定时间里，每一个人类社会都会为自己选择一些事物、动物、植物、手势等，并且将它们转变为神显；

由于宗教生活就是这样延续了数以千年，因此似乎不大可能还存在某些东西在某个时间里还没有被转化为神圣的。"[3]

庙宇在信众心目中是一种"神显"，宗教建筑由此获得神圣的维度，是顺理成章之事。当然，宗教建筑的神圣程度有高有低、参差不齐。

这一切都是象征性的。建筑艺术，如黑格尔所说，本身是象征性的艺术。建筑的象征性一方面与建筑形象有关；另一方面，又与人在认知事物时的"象征化能力"相关。我们日常可以看到，儿童做游戏，"过家家"，会将手边的一件东西当成另一样不在场的东西，明知不是真的，玩起来却很当真。表明人自小就有将事物象征化的本领。中国玉文化认为玉石代表人的高洁品质，也是象征性在起作用。

建筑学家历来重视对宗教建筑形象的研究，庙宇建筑的形象多种多样，都被古往今来无数信众视为神圣之物，如果没有人的"象征化能力"，是讲不通的。

美国宗教学者斯特伦（F.J.Streng，1933—1993，曾任美国宗教学会主席），在著作中说："生活中的一切充满了象征的结构，这些结构把输入我们大脑的亿万感觉组织起来并赋予价值。从孩提时代起，我们的感觉、情绪、精神生活中的形象等，就已经构成诸多的模式。无人可以逃脱象征化的作用。这种作用把生活经验组织成有意义的意识，并赋予这种生活经验以价值。从这种观点看，谁都不可避免地会赋予某种事物以终极的价值（即崇拜）。这种活动在人类建设一个有意义世界的过程中是固有的因素。"[4]

在象征化认知的作用下，教徒把庙宇视为神圣世界的象征和符号，诚心诚意到宗教建筑中进行各种活动，尽心尽力，非常虔诚。

沙特阿拉伯的麦加是伊斯兰教的圣城，城以寺为中心，寺中的"天房"是一座石砌的长方形建筑，宽10米，深12米，高15米，体量并不很大，却是伊斯兰教最神圣的崇拜对象。世界各地的穆斯林们把去麦加朝觐视作一生最大的心愿。每年朝觐时期，都有百万计的信徒不远万里从世界各地跋山涉水来此朝拜。

在我国青海塔尔寺，众多藏民信徒从远方来寺，他们不骑马，不坐车，甚至也不是走路，硬是一路上连续磕头磕到塔尔寺，说磕头并不准确，他们是先跪在地上，伸出双手，俯身趴下，全身贴地，再站起来，接着重复这套动作，每做一次即向心中的圣地靠近一小步。

莫斯科附近的谢尔吉圣三一大修道院是俄罗斯东正教的历史中心。院内有多个大小教堂，信徒们熙来攘往，川流不息，在每个教堂里对一个个圣像鞠躬敬礼，接着在胸前画十字，隔着玻璃框亲吻圣像，个个神情凝重，虔诚地默默做这些动作。在修道院的院子里，笔者亲见一对老夫妇，在教堂外边就开始膜拜，两位老人相互搀扶，手画十字，对石墙鞠躬，还亲吻刷了白石灰的粗粝墙面。

麦加的"天房"，青海的塔尔寺，莫斯科郊外的东正教堂，以及地球上无数的寺庙教堂，是神圣世界的象征和符号。不仅如此，宗教建筑还像是天国派驻人间的代表机构，信徒到了那里，与神圣世界的代表或办事人员接触，感到放心、宽慰、获得救助，感恩之情油然而生。这种情景仿佛外国在中国的领事馆，想去该国的人在那里申请签证，不管最后能否批下，出国的安排总算进了一步。

有了庙宇教堂等宗教建筑，宗教物化了，神圣世界变得可见、可触、可入。宗教信念具象化、直观化，宗教由于宗教建筑得到一种确证。

在漫长的历史过程中，宗教与建筑两者互相促进，共生共荣。精心设计和建造的宗教建筑能够营造出敬畏和期望的情境，有助于展现宗教的神圣性，使置身其中的信徒好似暂时脱离了世俗世界，并使他们有隶属于一个大家庭、一个团体组织的归属感。反过来，广大信众长久的笃信和敬拜的历史，又物化并积淀于那座宗教建筑之中，形成该座寺庙教堂特有的不可磨灭的内涵。世界各地的各种宗教，都有一些历史悠久、闻名遐迩、受人拥戴，在信众心目中起着精神堡垒作用的知名宗教建筑。

因此，古往今来，各种宗教都将建筑作为强有力的手段。特定的建筑语言和形式与特定的宗教联系在一起，形成特别的集体记忆，深入信众的潜意识，不能忘怀，世界上许多移居国外的移民，往往还是按照故土宗教建筑的形象，在异国他乡建造自己的寺庙教堂。

宗教与政权有分有合。古代埃及政教合一，建造了壮观又神秘的神庙和陵墓。今天世界上还有政教合一的国家。宗教在中国历史上不像有的国家那样强势。中国有皇帝国君提携宗教。如南北朝的梁武帝好佛，在不大的辖区内，广建寺庙，杜牧诗："南朝四百八十寺，多少楼台烟雨中"，根据其他记载，杜牧没有夸张。中国历史上也有几位皇帝抵制宗教，如唐武宗的"会昌灭法"（845），毁寺四千六百余，僧尼归俗二十六万五百。山西五台山佛光寺也遭毁坏，到唐大中年间重建。1937 年经梁思成、林徽因先生调查发现，我们得以亲见一千一百五十多年前的唐代宏伟木构建筑的真迹。

宗教建筑是一种物质文化与一种精神文化结合的产物，两者互为表里，相得益彰。

四、帕提农神庙是怎样建起来的

千百年来，雅典卫城上的帕提农神庙被公认是世界上顶级的建筑艺术品之一。那是一座供奉雅典保护神雅典娜的庙宇，始建于公元前 447 年，前 438 年完工，那个时期，希腊人信的是自然神教，神祇很多，没有经典，没有教会，也没有主教，神庙里有祭司，只管宗教仪式的事。并不传教。主持建造帕提农神庙的是雅典执政者。

雅典卫城坐落在一个雅典城的一个孤立的小山丘上，山丘顶比周围平地高七八十米。卫城筑在山丘顶部的一块长方形平台，东西长 280 米，南北宽 130 米。卫城上岩石裸露，西头有斜坡通顶，其他部位陡峭，易守难攻。

雅典卫城在公元前 1400 年即开始建设，在外敌入侵时可据险而守。公元前 480 年，波斯人占领雅典，卫城被毁。后来雅典取得胜利，决定重新设计，建造一座新的卫城。卫

帕提农神庙

城上最主要的建筑是帕提农神庙。公元前 447 年始建，9 年后主体建成，又过了 7 年完成雕刻，全部竣工。

公元前五世纪中，雅典在伯里克利（Pericles，公元前 500 —前 429）执政时期成了地中海最强大的海军国和工商业国家。其时雅典城邦内部实行奴隶主民主制，对外实行帝国主义政策，在提洛同盟中称霸。雅典海军拥有 300 艘三层桨座的战舰，超过其他大小盟邦战舰的总和。加入提洛同盟的城邦被迫听命于雅典，成为雅典的纳贡国。各城邦每年向设在雅典的金库缴纳盟金。

伯里克利自公元前 443 年到前 429 年连任十将军委员会首席将军，为雅典的最高领导者。雅典富起来了，伯里克利计划把被波斯人毁坏的雅典及其卫城修复重建得更加精美壮观，使雅典成为全希腊的文化中心，这样做也可以使雅典的艺术家和失业者得到工作。

伯里克利时代是雅典的全盛时期。当时雅典人口数目说法不一，一说约 15 万人，连同雅典所在的阿提卡区的人口总共约 30 万到 40 万人，其中公民约 15 万人，余为奴隶和外邦人。伯里克利推行民主政治，有时间又有能力参加公民大会的公民不超过 5 000 人。[5]

单靠雅典城邦那三四十万人的出产和岁收。不可能完成费钱费工的建筑活动。为此动用了提洛同盟贮存在雅典的财富，动用的财富相当于提洛同盟 20 年的岁入。

当时有人反对伯里克利的建设计划，宣称："希腊（各盟邦）真是受了奇耻大辱，它显然正遭到暴君的独裁统治。他眼见自己被迫献出的军费，竟被用来把我们的城市粉饰得金碧辉煌，活像一个摆阔气的女人似的，浑身戴满贵重的宝石、雕像和价值累万的庙宇。"

伯里克利不为所动，坚持到底。美轮美奂、精致异常的建筑群终于在雅典卫城上伫立起来了。伯里克利当年说过：我们遗留下来的帝国的标志和纪念物是巨大的，不但现在，而且后世也会对这一奇迹表示赞叹。"[6] 历史证实了他的预言。

后来，雅典与斯巴达进行长期战争，又遇鼠疫肆虐，人心惶惶，公元前 430 年，伯里克利被控滥用公款而落选，但次年又被选为首席将军，因为雅典人找不出比他更合适的人顶替他。复职不久，年老体弱的伯里克利患鼠疫而死。

雅典的举动早就引起盟邦的不满，雅典全盛时期的基础并不稳固。伯里克利死后，民主派失势，雅典的局面每况愈下。经过希腊各城邦之间 27 年相互残杀的伯罗奔尼撒战争，希腊迅速衰落了。

长久以来，人们把将帕提农神庙看作西方文明的标志，有人说，只有民主的思想土壤才能产生那样的建筑。但是渐渐出现了不同的看法。1995 年 7 月，在柏林召开的考古学和历史学家大会上，研究者指出，建造卫城时由没有公民权的奴隶和外籍人把沉重的石块运到工地，从事繁重的劳动。那时希腊与波斯人的战争已经结束，伯里克利不肯解散希腊各城邦的联盟，他用各城邦的纳金建造卫城，以价值13吨银子的黄金用在雅典娜神像上面。把大量的银条存放在建成的帕提农神庙内。一位教授宣称："有一点是可以肯定的，这个建筑不可能如人们迄今所认为的那样是人民民主政治的最早的纪念碑。"[7]

往事如烟，当时的是是非非早已过去，如果没有当年雅典的帝国主义政策，没有伯里克利本人的坚持，世界上就不会有雅典卫城上那些无与伦比的建筑瑰宝了。

五、权力建筑的起点

西安半坡遗址的年代为公元前4800—前4300年，那里的圆形房子遗迹直径有4~6米。方形和长方形房子，面积12~40平方米。居住区中心有一座较大的房子，面积达160平方米，称"大房子"。大房子的内部分隔为四间，体量最大，质料和做工最好。大房子有什么功用呢？

半坡遗址的年代处于新石器时代母系氏族社会阶段。大房子是举行公众活动的场所。大房子还可能是受尊崇的"老外祖母"的住所。大房子以其居中的位置、超大的体形，优于其他房子的品质成为建筑群的中心。半坡遗址的"大房子"可视为后世政府性建筑的雏形。

后来，私有财产制度带来频繁的战争。公社的首脑、军事行动的首领及强势家族成为统治者。再进一步，国家和政府出现了。

政府活动需要房屋建筑，每个政权只要存在时间稍长，积攒了一笔财力物力，就要大兴土木，为自己建造新的建筑。国家有君主制的，有共和制的，有总统管事的，有首相负责的，不管哪一种，政府除了一般房屋外，或多或少都要造一些讲排场的、体现威势的特殊建筑。

这样的建筑物包括旧时的宫殿，近代的议会建筑，中央政府的行政建筑，重要的纪念性建筑，以及国家出资建造的大型文化建筑。北京的明清宫殿、颐和园、人民大会堂，巴黎的卢浮宫和凡尔赛宫，伦敦的白金汉宫和议会大厦，柏林的国会大厦，华盛顿的国会大厦和白宫，莫斯科的克里姆林宫，圣彼得堡的冬宫和夏宫，巴西首都巴西利亚的巴西议会大厦、总统府等，都是国家的政治性建筑。古希腊的雅典卫城、古罗马斗兽场、印度泰姬陵、华盛顿林肯纪念堂、南京中山陵、悉尼歌剧院、北京国家大剧院和奥林匹克体育场等，都是国家级纪念性或文化性的建筑。

古今中外许多国家性建筑宏伟壮观，各具特色，如今成了旅游热点。

六、北京明清故宫

在专制时代，国家建筑的所有者是国王、皇帝或皇室，建筑方面他们要求怎样就建成怎样，是极特殊的建筑订货人。

中国历史上有过 83 个王朝，领土有大有小，寿命有长有短，总共建立过 95 个都城。[8] 只要王朝存在时间稍长，积累相当财富，君王们就要营造宫殿甚或整个都城。

公元前 199 年，汉高祖刘邦称帝的第四年，丞相萧何主持营造长安城的未央宫。刘邦去现场视察，见"宫阙甚壮"，说"治宫室过度也"，萧何对曰："夫天子以四海为家，非壮丽无以重威"，有了萧何这句话，虚情假意的"高祖乃悦"，当即肯定萧何的皇家建筑方针。[9]

除了罕见的例外，古今中外的君王们只要有可能，无不实行萧何的皇家建筑方针，将大把大把的银子投入宫殿建筑，毫不吝啬。

除了大伙说的人性爱奢侈之外，关键在于历史上的君王有那个权力，"朕即国家"，他能调动举国的资源，投入巨量的人力、物力、财力，建造自己的都城宫室。明代初年都城在南京，明成祖朱棣当皇帝后决定迁都北京，遣人到四川、湖广、江西、浙江、山西等采集珍贵木材，从全国调集 23 万工匠，大量民夫和兵士进行施工。从永乐四年（1406）到永乐十八年（1420）竣工。一座宏伟的帝都在短短 14 年后便出现在亚洲的东方。

明清北京城是中国历史上最后一个帝都。

明代在元大都城的遗址上营建北京城，平面最初为方形，嘉靖年间在南面加筑城墙，全城呈凸字形。

北部称内城，南部称外城。紫禁城，即宫城，位于内城的中心，是皇帝居住和听政的地方，是王朝的统治中心。宫廷建筑采用等级最高的型制，表现中国数千年建筑发展的最高水平。

明朝北京宫殿城池建成时，李时勉写的《北京赋》说：

"逮我圣上（明成祖）……度弘规以作京……方位既正，高下既平。群力毕举，百工并兴，建不拔之丕址，拓万雉之金城。

"展皇仪而朝诸侯……华盖穹崇以造天，俨特处乎中央。上傲象天体之圆，下效法乎神德之方，两观对峙以岳立，五门高矗乎昊苍……五色炫映，金碧晶荧，浮辉扬耀，霞彩云红。

"成此大功……天地清宁，衍宗社万年之福；山河绥靖，隆古今全盛之基。"[10]

在明代，内城是有身份的上层人士才能居住，下层人群集居城外。到清初，更实行满汉分居，只有旗人可住内城。内城里面，又分等级居住，满人紧临皇城四周，其外为蒙古旗人，汉军旗人在最外圈。内城不准开设店铺与戏园，但难以禁绝。乾隆二十一年（1756），内城有猪、酒店铺 72 处，朝廷下令，"除将猪、酒等项店座应准其开设，其余容人居住店座一概移于城外。"那时，内城有城无市。

内城本不让汉人住。康熙十六年（1677），皇帝说："朕不时观书写字，欲择翰林侍左右，讲究文义，伊等在外城，宣召难才以即至。择善于城内拨给闲房，在内侍从。"少数汉族侍臣和高官才获准住进内城。[11]

明清北京城是中国最后兴建的帝都，不是一般意义上的"城市"，与近现代的城市和城市建设完全是两回事。它的格局与《考工记·匠人营国》所载的王城制度最为接近，中国最后的帝都大体按两千年前奴隶社会的王城模式建造，反映中国封建都城的特点：一切只是为了皇帝，很少进步。

七、俄罗斯圣彼得堡

在明代北京城建造三百年后，俄国皇帝彼得大帝在俄罗斯西北芬兰湾海边建造了新的首都圣彼得堡。如今去那里旅游的人络绎不绝，无不赞叹那城市与建筑的美丽。

圣彼得堡是在荒无人烟的沼泽地上建起来的。一本俄国导游书中写着："城市的位置是彼得大帝钦定的……彼得大帝向恶劣的自然环境宣战，毅然决定在沼泽地上建立俄罗斯的天堂……新首都的建设集中了大量的人力物力，所要求的是一种几近于'古埃及奴隶'般的劳动。成千上万的人为此丧生。"彼得大帝规定新城一定要用石头建造，"1714 年颁布法令，在俄罗斯（其他地方）禁止用石头建房。所有的石匠都被派往（圣彼得堡）涅瓦河岸。彼得大帝还征收'石头税'，所有来圣彼得堡的船只、车队都要携带一定数量的建筑材料。"当时俄罗斯的建筑技术与艺术落后于西欧，彼得大帝大量聘请意大利、法国、英国、荷兰等国的建筑家、雕塑家、画家、能工巧匠参与圣彼得堡的建设，以提升城市建设的技术和艺术。

封建王朝在营造活动中也制定财务制度，有一定的程序，但都是管下不管上。谁能干涉明朝皇帝？谁敢约束彼得大帝的欲望？谁能阻止慈禧太后的铺张浪费？专制帝王在建筑方面想花多少银子就花多少，他说了算。永乐皇帝从全国调集数十万工匠，百万民夫和士

圣彼得堡冬宫

兵劳作十五年，账怎么算？慈禧太后挪用海军军费重修颐和园，谁能约束她？彼得大帝在沼泽地上建圣彼得堡，百十万奴隶劳动和死亡，账怎么算？专制帝王的建筑活动同现代的建筑活动是完全不同的概念，没有可比性！

今天人们参观北京的故宫、颐和园，游览圣彼得堡的那些著名宫殿，见那些宫殿园林处处华丽壮观，令人咂舌。给人的印象似乎是中国清朝和沙皇俄国生产发达、经济繁荣、财富充盈。实情根本不是这样。当年的中国与俄罗斯非常落后，生产力低下，民不聊生。那么，皇帝们豪华铺张的宫殿怎么能盖起来呢？

马克思在《剩余价值学说史》中有个解释，他写道，在前资本主义时代："他们把很大一部分的剩余产品转化为非生产消费——艺术品、宗教事业和公共工程……实际上他们的生产总的说来也没有超过手工劳动。因此，他们为私人消费创造的财富相对地说是不大的，它所以显得大，只是因为它汇集在少数人手中，而这些人不知道如何利用这些财富。因此在古代人那里，生产过剩并不存在，但是消费过剩是存在的。这种消费过剩在罗马和希腊的末期表现为极度的浪费。"

明、清帝国和沙皇俄国比古希腊、古罗马晚十四五个世纪，时间虽然隔得甚远，社会生产力并无显著进步，依然没有生产过剩，而帝王家的"消费过剩"则毫不逊色。

八、美国白宫

一座比封建帝王宫殿逊色的新型国家元首住所姗姗来迟，那就是美国首都华盛顿的总统官邸——白宫。

17 世纪以后，西方封建专制制度衰落，许多国家的皇权被推翻或削弱。西欧北美出现共和制国家，政体和权力秩序发生变化。反映在建筑领域，宫殿之类的皇家建筑消退，出现新型国家性建筑类型，这一改变在新大陆的新国家美国最明显。

美国首都华盛顿没有国王宫殿，没有皇家园林，那儿最宏伟、神气、突出的建筑是国会大厦，最高法院，再就是国家性纪念建筑，如林肯纪念堂、华盛顿纪念碑。总统官邸白宫其实不大，也很朴素，同颐和园、克里姆林宫、伦敦的白金汉宫等不可同日而语。

近代出现的新型国家建筑当然也花费很多资源，不过，现代国家废除了帝王家族的统治，当政者定期轮换，他们受多种机制的约束，不可能像路易十四建造凡尔赛宫，彼得大帝建造圣彼得堡宫殿那般恣意妄为，挥金如土。许多现代领袖本人具有民主观念，在建造国家元首官邸时表现得很有节制。在这一方面，美国第一任总统华盛顿是一位值

美国白宫

得人们敬仰的模范。

在建造美国总统官邸之前，华盛顿提出它决不能是一座宫殿，决不可豪华，他说在其中工作的人是国家的仆人。他坚持房屋不要高大，三层就行，只要宽敞、坚固、典雅。各方送来了许多设计方案，华盛顿召集杰弗逊等人商议，所选的方案脱胎于英国乡村建筑风格。总统官邸定名"White House"，意为"白色住屋"，以示它不是宫殿。中国人将它译为"白宫"，是按旧观念把它提升了，实则有违美国开国前贤的民主原意。华盛顿离任时房子尚未竣工，他未在白宫住过，1800 年第三任美国总统杰弗逊住进白宫时说，白宫是人民的财产，规定普通人民可以入内参观。第三十二任总统罗斯福进住时也说："我永不忘记，我受到人民的信任。住在一幢属于全体美国人的房子里。"话说的多好啊！

所以美国普通人有进入白宫参观的权利，在"911"事件前是很方便的事。1985 年笔者也去白宫参观，我是外国人，进门既不要看证件也不加询问，跟着参观者队伍在开放的部分参观。到一个房间，工作人员要我们加快脚步，说总统就要下楼在那个房间开会。

白宫是美国总统办公和第一家庭居住的地方，三层楼的建筑面积 5 100 平方米，1792 年开工，1800 年竣工。有办公室、会议室、接待厅、地图室、宴会厅等，总统在这里办公、召集会议，会见宾客、举行宴会、签约以及授勋等。白宫有 16 间卧室，3 个厨房，总统家庭住楼上，有时外国贵宾也会下榻白宫。白宫的房地产在金融海啸中也缩水了，当前估价约 3 亿美元。

彼得大帝生于 1672 年，殁于 1725 年，华盛顿生于 1732 年（较彼得大帝晚 60 年），殁于 1799 年，两人都做出丰功伟绩，都是本国历史上的伟大人物。不过，华盛顿在建造总统官邸时，由于时代和社会的变迁，观念大不一样，显示的是克己奉公，以民为本的思想。美国总统官邸在美国的住宅中很值钱，但拿它同彼得大帝的宫殿相比，真是太简朴了。每个美国总统一旦卸任，马上卷铺盖走人，与白宫再没关系了。这是在历史上"家天下"时代不可想象的事，是历史性的伟大进步。

九、美国国会大厦

议会是资本主义国家民主制的重要组织形式，一般由上、下两院组成，在议会制国家，议会被看作是国家政治活动的中心。美国国会是新大陆出现的新国家的议会，是资本主义民主制立法机构的典型。

美国国会大厦坐落在华盛顿国会山的高处。1792 年举行国会大厦设计竞赛，评委会对 17 个送交方案都不满意，最后采纳一位医生补交的设计方案，该方案中央是一个大厅，上有圆穹隆顶。1793 年，美国首任总统乔治华盛顿为国会大厦奠基。医生的方案被采纳后，实际工程由几位专业建筑师经手完成。1800 年部分建筑投入使用。1814 年，英、美第二次战争时，英国军队一度占领华盛顿，国会大厦被付之一炬。现今人们见到的美国国会大厦是多次改建、扩建的产物。

美国国会大厦建筑整体匀称壮观，在 1899 年美国建筑师界进行的一次评比中，国会大厦被评为第一，正中的穹顶饱满挺拔，圆顶顶尖离地面有 135 英尺（约 41 米）。顶尖竖有一座高 19.5 英尺（约 5.9 米）的青铜"自由雕像"，国会大厦是华盛顿市最引人注目的标志。

许多国家的首都有许多历史留下的宫殿建筑，绚丽宏伟，各有千秋。它们显示着昔日统治者的骄奢淫逸，华盛顿的美国白宫和国会大厦传递给我们的则是历史上前所未有的政治理念，在共和制国家，政府首脑非家族化，他们只是一定时期国家权力的执行者，为了工作他们暂时使用某些国家建筑，卸任就走人，个人与国家建筑的这种关系体现历史的进步。

十、希特勒的建筑泡影

20 世纪的德国恶魔希特勒（Adolf Hitler，1889 — 1945），特别注重利用建筑。他曾想入维也纳艺术学院，因绘画不合格而落选，想学建筑也未果。掌权以后一直抓紧建筑。

1940 年 6 月，德军攻陷巴黎，希特勒到巴黎，在他身边的不是军队将领而是他的两名建筑师。希特勒在巴黎歌剧院逗留多时，又在拿破仑陵墓前徘徊许久，离开时吩咐他的建筑师，在他去世后要为他设计一座更雄伟、更令人难忘的陵墓。

1937 年，他在纳粹党的纪念日讲话时说："我们的敌人也许能猜到，但我们的人民必须知道，我们的新建筑是为了巩固我们的新政权。"他没有明言的是：他用建筑巩固自己的权力。

希特勒一心要柏林模仿并超过古罗马帝国的首都。他计划把柏林改名为"日耳曼尼亚"，城市未来的大道异常宽阔，两边各种三行大树，中间的绿化带宽 90 米，两旁排列的是体量巨大的纪念碑式的建筑。

希特勒的御用建筑师施佩尔在 1925 年就拟制了一个柏林大会堂的方案，大圆顶从基座突起，顶上设一个地球仪，上面是代表帝国的雄鹰。顶高 350 米，可同时容纳十八万人。希特勒自称"在它巨大的躯体里含有的纪念意义使它得到全人类的敬仰。"大会堂两侧将是希特勒的最高统帅部和新总理府。总理府位于两条城市轴线的交点，是全城最威严的地点。在城市轴线上有议会中心、法院、战士纪念厅、一个仿古罗马式的大浴场、一个歌剧院、一个音乐厅、两个电影院（一个可容五千人）等。希特勒 50 岁时，阿尔贝特·施佩尔（Albert Speer，1905 — 1981）为他设计一个"凯旋门"，做了个大模型，高 135 米，是巴黎凯旋门高度的两倍。

希特勒派他的另一名建筑师赫尔曼·盖斯勒（Hermann Giesler，1898 — 1987）拟定希特勒的故乡林茨的改建计划，其中的建筑物也都非常庞大。主要大街上有一个 35 000 座位的文化建筑，其中的博物馆将收藏希特勒从欧洲各国搜刮来的艺术品。在临河的某处建 175 米高的钟楼，钟楼的地下室安葬希特勒父母的遗体，还要为希特勒设计建造一座类似古罗马万神庙的陵墓。

希特勒在建筑方面急不可耐，上述各项的建筑计划大都是在第二次世界大战进行时期拟制的。按改建柏林的计划，南北轴线上有 25 000 处房屋已先拆毁。1938 年党卫军成立德国土石方公司，让战争囚犯生产建筑材料。有的集中营设在采石场附近。为建造圆顶大会堂，施佩尔得到 10 000 名苏联战俘和 15 000 名捷克战俘作劳工，由党卫军监工。大会堂预定在 1950 年某日完工，到时要举办一次世界博览会。

二战后期形势对德国愈来愈不利，建筑工程缓慢下来，最后完全停止。可笑的是 1945 年 2 月 9 日，希特勒还通知盖斯勒到柏林向他汇报林茨的改造计划。盖斯勒绕过残垣断壁，艰难地到达希特勒的地堡，末日临头的希特勒竟然还同盖斯勒谈起工程时间表。

希特勒并没有给纳粹建筑一个明确的风格，总的倾向是推崇古典的、对称的、带柱廊的、外观威严的石头建筑，意图用大理石、花岗石和青铜永记他的第三帝国。他对平屋顶、外露的钢结构、横向玻璃窗非常反感，强烈拒斥现代主义建筑。希特勒上台后，格罗皮乌斯创办的"包豪斯"（Bauhaus）学校就无法存身了。

1945 年德国战败，希特勒在地穴中自杀，狂妄的建筑黄粱梦戛然而止。纳粹建筑建成的本来不多，经过大轰炸，仅存的一点残迹，成了游人的参观点。

说到房屋建筑，一般人最先想到的是面积大小、是否适用、坚固与否、设备如何之类的事项。这些是普通人担心的必要且合理的问题。对于宗教建筑和权力建筑的所有者来说，这些问题都不是问题，只要有充裕的财力、物力、人力，都能在当时的技术条件下妥善完美地解决。宗教建筑及权力建筑的所有者，关心的是别的方面。

当权者的注意重点放在未来建筑如何产生所需要的精神和心理效果这个方面。建筑一方面折射出建筑主人的精神和心理，一方面又对他人的精神和心理产生各种各样的影响。

前面提到明初李时勉的《北京赋》，中有："建不拔之丕址，拓万雉之金城"，"衍宗社万年之福，隆古今全盛之基"之句，说的就是明成祖朱棣等建造北京宫殿城池的内心目的。

希特勒对建筑师施佩尔交代："我有一项紧迫的任务交给你，在不久的将来，我要召开一些重要会议。我需要富丽庄严的大厅和会客室，它们必须符合帝国的身份，尤其是在较小国家的要人面前，更能显示出帝国的威严。"施佩尔遵照指示建造了希特勒的总理府。1939 年，捷克总统哈查求见希特勒，进入总理府入口时，两旁竖立着高大的手执刀剑火把的青铜日耳曼武士像，大门高而窄，上方是抓着纳粹万字标记的展翅雄鹰。进门后走过一长串廊道、台阶、大小厅堂，有的不开窗子，只有顶光，甚至不放家具，脚下是光滑的大理石地面，不铺地毯。求见者经过约长 400 米的艰难跋涉，最后才进入面积达 370 平方米的希特勒的工作室，求见者既累又怕，倍感屈辱。总理府揭幕时希特勒说了，"从入口到到接待室的长路上，他们将领会到帝国的权力与尊严。"

希特勒的建筑师施佩尔总能运用不同特性的材料，各种建筑手法，超常的尺度和光影变换，实现希特勒的意图。

质量好的建筑能屹立相当长的时间，在满足所有者实用需求的同时，又能传达大量的信息。大体量的建筑壮观、强势、排场大，气派大，能在不言不语之中美化和夸大当权者的权力，在心理上默默地威慑他人。

所以，从古至今，建筑对于统治者和宗教当局一直有极强的诱惑力，促使他们投入巨大的人力物力。他们在使用和享受的同时，更是把建筑当作持久、有效、可靠、有特殊影响力的传媒加以利用。建筑的这种效应，在传媒手段稀缺的时代尤为可贵。即便在传媒发达的今天，建筑的这种功效仍然不减。

宗教有群众基础，宗教建筑有一定的群众性。帝王和现代独裁者的建筑专为他们的统治服务。专制统治者的宫殿、衙署、城堡都造得相当坚固、易守难攻，因为他们心中怀有不安全感，既要防被统治者造反，又要防备统治集团内部的争权夺位。可是中外历史表明，即使建筑非常坚固，防御十分严密，过去的帝王和今天的独裁者往往还是遭遇厄运。历史上的不用提了，即使今日，到了 21 世纪，伊拉克的萨达姆、利比亚的卡扎菲、埃及的穆巴拉克等独裁者，虽然大量建造宫殿行营，采取狡兔三窟的做法，可是到头来仍然落得可悲的下场。这些是发生在我们眼前的例子。

虽然做不到绝对安全，但尼采的话是准确的："在建筑中，人的自豪感、人对万有引力的胜利和追求权力的意志都呈现出看得见的形状。建筑是一种权力的雄辩术。"

十一、权力推升建筑艺术

建造高级的房屋，给建筑艺术发展和提高的机会。同别的艺术门类相比，建筑艺术作品需要巨大的投入，是成本最高的一门艺术。

因此，握有巨量资财的人和单位是建筑艺术主要的订货人和推动者。在资本主义社会之前，最有力的是宗教当局与皇室朝廷。早先宗教所起的作用突出，稍后，皇帝、国王、贵族们起了重要作用。近代以来，宗教势力式微，帝王贵族也淡出历史舞台。到近现代，国家之外要数大的工商企业和大款大腕，比尔·盖茨的庞大邸宅就是一个例子。

国家政权能对建筑事业发生巨大作用，除了它有建造重要的、高级的、大型的建筑物的需要之外，关键是它掌握巨量的钱财，又拥有征集、调动、使用国家资源的权力。在当今的中国，许多宏伟的建筑，不是私人可以办到的，若没有国家力量支持，不可能出现。当今北京城的大型标志性建筑：人民大会堂、历史博物馆、国家大剧院、国家体育场和游泳馆，没有国家的供给和支撑，很难造起来。

1　黑格尔. 美学. 朱光潜，译. 商务印书馆. 1979(1):106-107.

2　马林诺夫斯基. 巫术、科学、宗教与神话. 上海文艺出版社，1987.

3　米尔恰·伊利亚德. 神圣的存在. 晏可佳，姚蓓琴，译. 广西师范大学出版社，2008:10.

4　斯特伦. 人与神——宗教生活的理解. 金泽，何其敏，译. 上海人民出版社，1991:73.

5　普鲁塔克. 希腊罗马名人传. 此处转自：威廉·弗格森. 希腊帝国主义. 晏绍祥，译. 上海三联书店，2005:37.

6　威廉·弗格森. 希腊帝国主义. 上海：三联书店，2005:26.

7　德国《明镜》周刊，1995-7-17. 见《参考消息》，1995-8-02.

8　冯天瑜，周积明. 从殷墟到紫禁城. 武汉出版社，1989:1.

9　引自《史记 高祖本纪》.

10　孙承泽. 春明梦余录（卷一）. 转自：吴建雍，等著. 北京城市生活史. 开明出版社，1997:160.

11　《清史列传》（卷九）. 转自：吴建雍，等著. 北京城市生活史. 开明出版社，1997:242.

第九章

建筑形象——"有意味的形式"

一、克莱夫·贝尔的艺术论

1913 年，英国艺术评论家克莱夫·贝尔（Clive Bell，1881 — 1964）发表美学专著《艺术》（Art）。这本书篇幅不大，影响不小。贝尔在书中提出，艺术的本质属性是"有意味的形式"，此言一出，引起西方艺术界和美学界的广泛关注。1984 年我国出版了中译本，[1] 2005 年又有了一种新的译本。[2]

贝尔认为："线条、色彩以某种特殊方式组成某种形式或形式间的关系，激起我们的审美感情。这种线、色的关系和组合，这些审美的感人的形式，我称之为有意味的形式。'有意味的形式'就是一切视觉艺术的共同性质。"[3] 贝尔所说的"有意味的形式"中的"形式"指艺术品内各个部分和要素构成的一种关系，"意味"指一种特殊的、不可名状的审美感情，贝尔说激起这种审美感情的，只能是由作品的线条和色彩以某种特定方式排列组合成的关系或形式。

贝尔认为"艺术作品最重要的是形式,而形式只要有意味就行,作品中有无再现性成分不但不重要,而且,再现反而有害。在艺术品中会有的这种认识的或再现的成分……它对于看画的人来说是有价值的,但对于艺术品来说分文不值。或者说,它对艺术品的价值就像是一位和聋子说话的人手里拿的助听器——说话的人满可以不用助听器,听话的人不用它可不行。再现成分对看画的人有所帮助,但对画本身却没有什么好处,反而会有害处。"[4]

贝尔强烈反对艺术作品中的情节性和再现性因素、否定清晰的思想内容,他认为"再现往往是艺术家低能的标志","欣赏艺术作品,我们不要带有什么别的东西,只需带有形式感、色彩感和三度空间的知识,我认为,这一点知识是我们欣赏许多伟大作品的基础",他说真正懂得艺术的人"他们往往对于一幅画的题材没有印象,他们从来不注重作品的再现因素"。贝尔看重和推崇抽象艺术,是由于抽象艺术不传达明确、具体的内容和意义。

贝尔书中"有意味的形式"的原文是"the significant form"。两个中译本都译为"有意味的形式",中文"意味"含义宽泛、含糊,与抽象艺术的效果相近,符合贝尔的原意。

贝尔观点的形成和推出有其历史背景,与近现代西方艺术思潮的演变有关。他提出的观点不是个人偶发的奇想,他是为当时新兴的艺术辩解,为抽象艺术提供理论支持。

贝尔的理论出来后,美国一位教授指出,贝尔时而用形式来解释意味,时而又用意味说明形式,陷于循环论证。

《艺术》首次出版时贝尔32岁。16年后,1948年他在该书新版序言中自叙,早年的著作中有"夸张、幼稚的简化和偏颇"的地方,又说"我就不禁有些嫉妒那个写了这本书的敢于冒险的年轻人(指自己)"。[5]

贝尔的理论有片面性,他自己也没有给出令人满意的论证。不过,我们认为"有意味的形式"的命题中有合理的因素,并有启发性,应该加以研究。

二、再现与抽象

在西方艺术史上，有很长一段时期，再现的写实主义艺术占主流。古希腊的亚里士多德倡导模仿论，他在《诗学》中写道："像画家和其他形象创造者一样，诗人既然是一种模仿者，他就必须在三种方式中选择一种去模仿事物，照事物本来的样子去模仿，照事物为人们所说所想的样子去模仿，或照事物的应当有的样子去模仿。"他把模仿视为人的天性，"人从孩提的时候起就有模仿的本能，人对于模仿的作品总是感到快乐。"[6] 在此后的漫长时期中，在造型艺术方面，追求形象和背景环境的再现，追求视觉上的惟妙惟肖，是西方绘画雕塑的主要追求。

到近代，特别是进入 20 世纪之后，西方艺术界涌现多个反对写实主义的新流派。许多艺术家摒弃现实形象，画中的人和物剧烈变形、抽象、模糊，看不出是什么东西。极端的抽象画只有点、线、面、体和色块的组合。

贝尔的观点与塞尚之后这些西方现代艺术思潮呼应，为抽象派艺术提供理论依据，"有意味的形式"的提法出现后，迅即受到西方美术家的重视，成为美术界的流行语。

贝尔的学说是为现代抽象艺术辩解而提出的。但是，抽象的，即非再现的造型风格并不是现代才出现的，更不是西方独有的。考古发现人类很早就大量采用非再现的，即抽象的或一定程度抽象的形式。

山西许家窑文化遗存出土的石器中，有 10 万年前先民制作的一千多个石球。最大的直径达 10 厘米，重量从 50 克到 1 500 克。大小石球是做什么用的呢？研究者发现，该地当时有大水面，禽鸟很多，先民从事狩猎。大石球是投掷武器，小石球可能是"飞石索"用的弹丸。几何学的圆形石球手握方便，飞起来稳当，阻力小而射程远。

经过数十万年的实践，人类发展了对不同形体和空间的分辨力、敏感性。圆形的容器储水量最大。将工具做成对称形状、表面平整化，用起来功效高。把武器做成这种样子，

辽宁北宁市闾山山门，清华大学建筑系本科毕业设计，学生汪克，指导教师吴焕加

容易命中猎物和敌人。在效能提高的同时，人类感受到触觉上的舒适感和视觉上的快感，对不同的形体有不同的评价，形成初步的形式感和空间观念。

工具和武器的形式是根据自身使用需求发展出来的，形体或简单或复杂，多是几何形体。因为工具和武器的形式基本上由使用功能决定，要有利于而不是妨碍使用。除了部分附加的装饰，有使用功能的器物的主体不需要也不应该模仿其他事物。

所以，从古至今，实用器物的造型大都采用非再现性的形式。刀是刀，枪是枪，马车是马车，轿子是轿子。汽车不再现骡马的形象，电脑也不做成人脑的样子。可以说，在人类文明之初，直到今日，再现和非再现的形式都有运用，在艺术领域，写实和抽象，虽然有时偏重不同，也都一直在发展。

有一段时期欧洲艺术重再现。就绘画来看，画家重再现，求逼真；写实的艺术作品传达清晰、确定的内容。19世纪初，画拿破仑加冕仪式的油画清晰到这个程度：可以辨认出画中的人谁是谁。

中国绘画尚意，讲究"以神统形"，重表现情感。苏轼说"论画以形似，见与儿童邻"。元代倪瓒作画"逸笔草草"，说自己"不求形似"。再看中国书法，完全是表现性的艺术，但有丰富的表现力和感染力。汉字书法是中华民族的卓越创造。

黑格尔说"美是理念的感性显现。"他认为以希腊雕塑为典型的古典艺术是最完美、最理想的艺术，因为理念得到充分的显现。他又说包括建筑在内的象征型艺术，给予人的不是和谐的美，因为抽象形式作为象征和符号，表现的是朦胧的内容。黑格尔的学说含有偏见，但道出了非再现艺术的特点：形式抽象，内容朦胧。

非写实的艺术形式模糊、内容朦胧、不甚确定。这是它们的特性，不是缺点，而是长处，中国书法艺术就是最好的例证。

中国书法不摹写其他事物，而以点、横、竖、撇、捺、折、挑、钩等形状不一、变化丰富的抽象构图传达出气势和神韵。中国书法作品中汉字不仅仅是符号，而是一个个有生气的生命单位，具有高妙的审美价值。毕加索曾说，他若生在中国，一定成为书法家。

实用器物的形式，绝大多数是非再现性的。汽车的造型基本上是由汽车的零件、空气动力学、驾驶和乘坐的需求等因素决定的。"光货紫砂壶"服从泡茶、倒茶的需要，基本是几何形体。

汽车就是汽车，茶壶就是茶壶，它的形体不再现世间其他事物，它们的形式是独特的、不叙事、无情节，不能用"形似"、"逼真"来评价，在这个意义上，它们的形式是"抽象的"。但是，人们对汽车的造型和光货紫砂壶的形体却非常关注，设计师非常下工夫，人们对合乎己意的车形和壶形非常珍爱，收藏家会出高价收购名车、名壶。

名车和名壶的形体由非再现性的线、图形、形体、色彩、质素等组成，没有确切的"意义—内容"。对于实用品的非再现性的造型，主体只会产生好看、难看、简洁、繁琐、漂亮、庄重、古典、前卫之类宽泛、含糊、笼统的审美感受和评价，感受到的是某种"意味"。意味不是黑格尔说的"理念"，"理念"偏于理性，明确清晰；"意味"模糊朦胧，说不清楚，偏于感性。

20 世纪初，贝尔的"艺术是有意味的形式"的命题，是针对现代派抽象艺术提出来的。事实上，非再现的、非写实的、抽象的形式和形象，远古就有，历史比写实风格更早更悠久。6 000 年前，中国新石器时代仰韶文化的彩绘陶器就是例子。所以，"有意味的形式"的概念其实有久远和广阔的适用范围。很可能比贝尔当时想的更远、更广、更有意义。

然而具象与抽象之间并没有不可逾越的鸿沟。实际上，任何表达都需要有一定程度的抽象。轮廓线就是抽象的产物。旧石器时代壁画中的动物形象都是从动物原型提炼和简化出来的，都有一定程度的抽象。

抽象形态原本是从自然形态中提炼出来的，原本含有某种的内容。如恩格斯所说，在历史的演变过程中，渐渐"撇开对象的其他一切特性"，"从现实世界抽象出来"，"完全脱离自己的内容"，它们仅仅只"表现世界的联系形式的一部分"，变得愈来愈抽象了。

三、"意味"在哪里

贝尔说艺术是"有意味的形式",关键是"意味"从哪里来,在哪儿?

贝尔说:意味"是隐藏在事物表象后面的并赋予事物以不同意味的某种东西,这种东西就是终极实在本身。"[7]他先说"意味"是"某种东西"赋予的,这东西隐藏在事物表象后面;"后面"是远是近,没有讲明。接着又说"这种东西",就是"终极实在本身"。谁是"实在"?谁的"终极"?谁的"本身"?都未交代,不明不白,贝尔的回答十分空洞,实是搪塞。

从文字看,"有意味的形式"这个短语说明"意味"是"形式"的意味,看来应存在于"形式"本身。形式为何有意味?贝尔没有回答。贝尔提出了一个十分有意义的命题,但他没有正确地回答命题引出的疑问。无怪早就有人指斥他陷于循环论证。

我们认为,非再现的抽象形式可以引出意味,但是必须:

(一)区分"意味"和"形式"两者的不同性质;

(二)不能忽视主体——人所起的作用。

形式是客观存在的东西,而"意味"是主体——人的主观的体验,两者性质完全不同。艺术作品的"意味"不是外在于人的客观存在的自在之物,而是人心中的体验,没有人,没有人的审美活动,就无意味可言,就不存在"意味",同一个形式在不同人心中会引出不同的意味,并非对所有的人都一样。

本书第八章提到意象论美学,此处,"意味"相当于"意","形式"相当于"象"。"有意味的形式"与意象论美学有相通的一面。

所以,形式与意味的问题必须从两方面考察。

一方面,就形式这边看,某一形式能不能引出人的意味,与形式本身的具体情形和特点有关。不是任何形式都能令一个人感到有意味。那形式必须具备某种特殊的色彩和形状,或它们的组合，或是一个曲调，或是一个特定的姿态和动作。这类特殊的感性特质是一个作品成为审美对象的起点和基础。有了这个起点和基础，能在一定时机引起人对它进行审美观照，在观照中，这个具有特殊感性特质的形式可能唤起观赏者一种特殊的情绪，此时他才会认为该形式是"有意味的形式"。[8]

另一方面，要看主体——人的条件和情况。某一形式能否令人感到有意味，能引出怎样的意味与主体——与人的状况条件直接有关。

"对于不辨音乐的耳朵说来，最美的音乐也毫无意义……因为对我说来，任何一个对象的意义（它只是对那个与它相适应的感觉说来才有意义）都以我的感觉所能感知的程度为限。"[9]

形式是否真会引出意味，与人——受众的审美取向、审美素养和审美经验分不开。对于同一形式，譬如一幅画、一件书法作品、一个花瓶，张三感到有意味，李四觉得没有意味，王五不置可否。

在美术展览会中，常见这样的景象，一件美术作品，合乎某个观者的审美情趣，那人会觉得那件作品有意味，一看再看。如果作品的形式（形象）与那位观者的审美意趣不合，那位人士会很快掉头而去。这一行为表明，当物体的"形式"合乎某个人的审美口味和情趣时，如俗话说的"对眼"了，这时该人才会认为该物的"形式"有"意味"。如果不合，他就认为那件作品没有"意味"，对他不具吸引力，转身走开，这是常见的情形。形式与意味的关系不是先验的，不是相同的，更非固定的。

柳宗元说"美不自美，因人而彰"。同样，"意味"也是"因人而彰"，且因人而异，因时而异，因地而异。

四、建筑形象与"有意味的形式"

黑格尔说"艺术是理念的感性显现"。贝尔说"艺术是有意味的形式"。"理念"和"意味"的差别是什么?

最突出的差别在于前者表达的东西清晰明确,一看便明白;后者形象模糊、内涵朦胧、不清晰、不明确。

拿古希腊的两件名作比较来看,著名的维纳斯雕像是一座女子雕像,它清楚地传达出古希腊女子的模样和当时的审美理念。帕提农神庙也是古希腊文化艺术和审美理想的产物,然而建筑和雕像表达方式大不相同。维纳斯像直观、清晰、确定、直截了当。而帕提农神庙,除了建筑遗迹上残留的雕刻,神庙本身就是石块、石柱、石梁的组合,并不直接再现建筑以外的任何事物。那些结构物件的组合直接显示的是当时当地的建筑技艺。现今人们掌握的有关帕提农神庙的大量信息,是从其他领域的考察和研究中得到的。建筑形象本身包含和表达的内涵有限、朦胧、模糊。房屋建筑和汽车、冰箱、光身紫砂壶相同,它们的造型所蕴含和传达的不是明确的"理念",只能引发人们产生某种朦胧的"意味"。

有一年,江西赣州市政府为增建办公楼举办建筑方案竞标。某设计院送去一个方案,《设计说明书》写道"我们为市政府的一片爱民之心击节叫好。同时我们也意识到,我们的方案必须能充分表现出市政府的新观点、新思路……方案将办公楼分为两幢,会议中心位于现有市府大楼与两幢新建办公楼之间"。"两幢新办公楼的布置就像两个卫兵分列政府大楼两侧,是人民政府的坚强后盾……办公楼的形式是两个弧形的立面,寓意即为人民群众的保护者和社会意见的倾听者"。"同时,办公楼位于政府大楼和会议中心之间,并有天桥相连。我们的意图则是,这些职能部门是政府思想和决策的传达者和执行者,而且,他们还是政府领导和人民群众沟通的桥梁"。

写作说明书的人,也许是方案设计者,他们的想法很天真,说法很可爱,不过,如果没听他们的夫子自道,谁能从他们的建筑方案中自己看出这么多的"内涵"呢?即使你听了这些"口吐莲花"式的说明,也难领悟那个建筑方案中竟有如此深刻精彩的"思想文化内涵"!这个设计说明书让人想起安徒生童话《皇帝的新衣》中那两个骗子裁缝。设计说明书的作者不是骗子,但他们对建筑形式的特性和作用存在误解,以为自己能"心想事成"。

建筑和其他实用工艺品一样,受使用功能的约束,造型必须服务于主要的使用功能,同时又在更大的程度上受着所用材料和结构性能的限制,除少数例外,不宜也不必模仿和再现别的事物的形状。汽车就是汽车,茶壶就是茶壶,房屋建筑就是房屋建筑。建筑、汽车和壶的形体由自身特有的线、形、色彩、质素等组成。由此组成的形象确实能表达设计者的某种想法、观念,不过表达的内容的广度和深度有限,表达方式不直接、不明确、不清晰、含混模糊。建筑形象无法表达清晰细致的"理念",只能让人体验到某种朦胧的"意味"。

有人讲:建筑"会说话",建筑能给人大量信息。这是对的。不过说话和说话不一样,这一位满腹经纶、讲话清楚、头头是道。另一位嗫嗫嚅嚅、语焉不详、模糊不清。建筑形象属于后一类。人们看维纳斯像,不用人讲解,立即知道那是一个年轻女子的雕像。帕提农神庙是另一种情况,对于普通人来说,如果事先未做功课,又无人讲解,单靠自己在现场直观,很难弄明白究竟,大约只能引出一些感慨和赞叹。就是说,维纳斯像既能传达"理念",也能引出"意味",帕提农神庙建筑本身只能使观者体验某种的"意味",要想知道希腊神庙建筑的知识需到别处去寻找。

欧洲历史上的石头建筑多用装饰雕刻,如将那些雕刻除去,剩下的就是建造房屋本身必要的构件和部件。房屋本身形象不再现人物,无法叙事,不能表现故事情节。中国传统建筑也是如此。正是由于建筑本身表现力受许多因素限制,黑格尔称建筑是"最不完善的艺术",他的看法符合实际。

为弥补这种缺失,中外古建筑不约而同地都在房屋内外加用具象的雕刻、绘画、符号、文字，以表达建筑本身无法传达的"理念"。加之人们对传统建筑采用的形式美处理很熟稔，因而一般人都认为历史留下的建筑形象内涵丰富，有看头、耐人寻味。

在漫长的历史过程中，一些早先使用的建筑构件和部件，如古希腊和古罗马时期由石梁柱组成的柱式和柱廊、欧洲文艺复兴式的圆穹顶、伊斯兰建筑的葱头形的圆顶、中国木构建筑的"斗拱"和凹曲线的大屋顶、哥特教堂的尖券等，渐渐成了人们容易识别的建筑文化符号。象征着特定的历史与文化。后来，在不同时间和地方，只要建筑上出现了这类建筑符号，有一些知识的人很容易明了那座建筑的来历和谱系，懂得建造者的意图和其中的文化涵义。这类建筑符号效果明显，使用也不太困难，所以生命力很强。欧洲古典柱式和中国琉璃瓦屋顶的超长寿命就是例子。

带有建筑文化符号和艺术装饰物的建筑，如果又具有较高的形式美水准，就不但能使人感到有"意味"，同时又传达出相应的"理念"。南京中山陵和华盛顿林肯纪念堂就是两个明显的例证。除了纪念对象的重要性外，就建筑本身看，这两座建筑兼有"意味"和"理念"，是它们耐看又耐人寻味的原因。

进入 20 世纪，激进的现代主义建筑师，否定和取缔附加在建筑物上的装饰物。建筑被还原到本来面目，习惯传统建筑的人士视之为"抽象建筑"，上世纪初有的美国人还讥之为"裸体建筑"。如今，"抽象建筑"或"裸体建筑"已成现代建筑的主流。现代建筑很少或完全不用附加装饰。受众从现代建筑中看到的几乎只是简单光溜的基本几何形体，人们从这类现代建筑体验到的是模糊的陌生的现代"意味"。巴西首都巴西利亚的议会大厦是一个突出的例子。这类建筑形象让人感到简单、陌生和空洞。

至此，我们可以作一小结：

（一）先前欧洲的经典美学认为艺术应该超越功利，摆脱物质欲望。上层社会重视再现性艺术，轻视和忽略附丽于实用器物上的非再现性艺术。对此，德国美学家玛克斯·德索（Max Dessoir, 1867 — 1947）提出异议，他说："我们的好奇以及对自然现象的挚爱都含有审美态度的一切特征，然而却不必与艺术有关。加之，在所有精神与社会的领域中，有一部分创造力是花在美的建设方面的。这些产品虽不是艺术品，但却给人以美的享受。"[10]

（二）从数量上看，绝大多数房屋只是实用之物，谈不上艺术不艺术。

极少数特殊的顶级建筑，有需要也有可能，造出既有"意味"又兼有"理念"的建筑形象，这样的建筑，成本极高，各国都有，数量不多。

（三）相当多的房屋在讲实用和经济的同时，要求形象美观些。这些建筑的形象能让人感到有些"意味"就不错了。从量上看，这种房屋数量最多。这类房屋建筑的形象主体是由盖房必有的墙、柱、屋顶、门、窗、台阶、烟囱等，造房子必备的构件和部件组合而成，这些构件和部件的形式基本上由功用和材料性能主宰，即使有装饰，所占比重也不多。所以，建筑形象就是建筑本身，无人物、无情节、不叙事，按"再现与抽象"两分法分类，应归入后一类。

现代建筑的构件和部件很多是工厂大量制造的，机械化和标准化程度高，使得建筑外观上的细部变化比历史上减少了，建筑外观常常成为二方连续或四方连续的图案。整个建筑越来越像庞大的"立体构成"。现代建筑的"抽象性"日益强烈。

总之，建筑物是具体的，而形象则是"抽象"的。贝尔的命题："艺术是有意味的形式"，基本适用于建筑。换言之，大多数的"建筑形象是有意味的形式。"而且，尤其符合现当代的建筑形象。

（四）建筑形象的意味的特性给人概念化的印象和感受。如崇高、壮观、简单、复杂、传统、新奇、粗犷、精巧，本土的、外来的……都是些含糊的概念与印象，朦胧、含蓄、含混、飘忽、变幻，难以确定，难以精确描述。

人从大量事物中得到的也是"意味"。奔驰、宝马等诱人的汽车造型给我们的即是"意味"，你很难对它们加以清晰的分析和说明。人面对黄山、西湖等自然山水，体验到的也是"意味"而非清晰的"理念"。朦胧月光下的景色的意味触发朱自清写出名篇《荷塘月色》。印象派画家的作品也以描绘朦胧景象为特色而受人喜爱。建筑形象与此类似。

五、"惚兮恍兮，其中有象"

中国古代思想家老子说：

"道之为物，惟恍惟惚。

惚兮恍兮，其中有象。

恍兮惚兮，其中有物。

窈兮冥兮，其中有精。

其精甚真，其中有信。"[11]

恍惚窈冥之中"有象"、"有物"、"有精"、"有信"。从美学的角度看，可以理解为，朦胧模糊的形象中，蕴涵着有价值的审美成分。《老子》这段文字表明，两千两百年前，中国哲人已经指出，恍兮惚兮的形象中蕴涵有特殊的价值。本章讨论的建筑的"意味"与此类似。

1　克莱夫·贝尔. 艺术. 中国文艺联合出版公司，1984.

2　克莱夫·贝尔. 艺术. 江苏教育出版社，2005.

3　克莱夫·贝尔. 艺术. 中国文艺联合出版公司，1984:4.

4　同上:153.

5　克莱夫·贝尔. 艺术. 薛华，译. 江苏教育出版社，2005:序言.

6　转引自朱光潜.《西方美学史》(上).

7　克莱夫·贝尔. 艺术. 中国文艺联合出版公司，1984:47.

8　英加登. 审美经验与审美对象. 李普曼，编. 当代美学. 光明日报出版社，1986.

9　马克思. 1844年经济学、哲学手稿. 人民出版社，2005.

10　玛克斯·德索. 美学与艺术理论. 中国社会科学出版社，1987:2.

11　《老子》(二十一章).

威尼斯圣马可广场水彩写生，吴焕加

第十章

建筑形式跟从功能吗

19 世纪末，美国芝加哥建筑师沙利文提出"形式跟从功能"（form follows function）的建筑"公式"。20 世纪前期，这个短语成了西方建筑师中传播最广的名言之一。这个短语有时中译为"形式追随功能"，意思差不多，只是"追随"比"跟从"显得较为主动。

一、19 世纪末的芝加哥学派

沙利文怎么会提出形式与功能的关系问题？

19 世纪的美国，城市中盛行名为"希腊复兴"式的建筑样式（Greek revival architecture），官方建筑、银行、海关，以至大款大腕们的邸宅，多具有希腊古典建筑的形体特征，建筑师想方设法把新出现的建筑功能塞进两千多年前古希腊神庙的建筑样态之中去。纽约华尔街的旧海关大厦是一个例子。把有新功能的建筑物做得像一座古希腊神庙，有时会很麻烦，马虎一点，只做个脸面，还好办，如要形神兼备，地道逼真，就很难办。硬要这么做，一是多花钱，二是使用不便。1833 年，费城吉拉德学院（Girard College，Philadelphia）要造一座教学楼，楼内设 12 间教室，学院方面坚持要整体上做出完整的古希腊神庙的形状。建筑师瓦尔特（T.U.Walter，1804 — 1887）虽不赞成，只得照办。为了做出古希腊长方形围柱式神庙的外形，教学楼下部有高台基，周围有 34 根科林斯式柱子，顶部有三角形山花和檐壁，真像一座古希腊神庙。楼内部分三层，每层分为四个教室，四个教室紧靠在一起，挤成一团。一层和二层的教室还能在墙上开小窗，隔着柱廊得些天光，三层的教室位于屋顶之内，只能开天窗。这个极像古庙的教学楼工期长达 14 年（1833 — 1847），花了 200 万美元，在当时是非常昂贵的建筑。而由于使用不便，长期闲置。[1]

这种作茧自缚、削足适履的做法引起了批评。古庙式教学楼还没竣工，已有人在报上撰文反对"希腊复兴"、"哥特复兴"之类的仿古做法，文章说当代的美国人不是古希腊人，不是中世纪的法国人和英国人，将当代的建筑搞成古庙模样，好像期待死人复活，愚蠢又平庸。

19 世纪后期的芝加哥是一个快速发展的都市。1871 年中心区大火，三分之一的房屋被毁，更加剧了迅速建房的需要。要面积、重实用、争速度，以求利润最大化是房地产投资人最重视的事。一批芝加哥工程师与建筑师适应这种需求，在工程技术和建筑设计上创新，试用全框架钢铁结构建造多层商业建筑。光线足、通风好的办公室租金高，促使窗子愈开愈大，传统的窄窗让位于宽度超过高度的大窗，时称"芝加哥窗"。费钱费工的雕刻装饰被削减以至完全取缔。这样一来，芝加哥大街上的高层商业建筑与欧洲过去的宫殿府邸相比，从内到外都大相径庭。在当时的芝加哥，学院派建筑观念被搁置或淡化了，渐渐形成一种舆论：在商业建筑上模仿和套用历史上的建筑样式有害无益、白花钱，建筑设计要走新路。持这种观念并实践的一批芝加哥建筑师和工程师被称为美国建筑史上的"芝加哥学派"。

沙利文（Louis Sullivan，1856 — 1924）先在麻省理工学院学建筑，1874 年去巴黎美术学院，都仅仅学了一年，学院派建筑观念对他的影响似乎不深。他随后在芝加哥工作，1881 年与建筑工程师阿德勒（D.Adler，1844 — 1900）合伙开建筑事务所，阿德勒也是芝加哥学派的一员。

二、沙利文的主张

沙利文思索当时美国建筑的仿古现象。他认为在吉拉德学院教学楼那样的建筑设计中，新功能受旧形式的压抑，成了"受压抑的功能"（suppressed function）。他主张"使用上的实际需要应该成为建筑设计的基础，不应让任何建筑的教条、传统、迷信和习惯做法阻挡我们的道路。"[2]

沙利文这种改革的观念受到 19 世纪美国雕塑家格林诺的启发。

格林诺（Horatio Greenough，1805 — 1852）以生物界的现象为依据，说造型应该适应目的，"自然界中根本的原则是形式永远适应功能。"他认为"美乃功能所赐；行为乃功能之显现；性格乃功能之记录。"（Beauty as the promise of function, action as the presence of function, character as the record of function.）

受这种自然主义观念的影响，沙利文写道："自然界的一切事物都有一个外貌，即一个形式，一个外表，它告诉人们它是什么东西，从而使它与我们及其他事物有所区别……不论是飞掠而过的鹰，盛开的苹果花，辛勤劳作的马，欢乐的天鹅，枝条茂密的橡树，蜿蜒流淌的小溪，浮动的白云和普照一切周而复始的太阳，形式永远跟从功能，这

是法则……功能不变，形式就不变。"（*Kindergarten Chat*，1896）

在沙利文以第三者讲述的方式写的自传中，他说："经过对于生活事物长时间的沉思冥想，他（沙利文）推导出了一个公式，这就是'形式跟从功能'。"他认为"如果这个公式得到贯彻，建筑艺术就能够实际上再次成为有生命的艺术。"（*Autobiography of an Idea*）

沙利文自己如何行事？

沙利文不同时期的建筑作品有着差异。沙利文和他的合伙人设计的圣路易斯城温赖特大楼（Wainwright Building，1890—1891）和后来的芝加哥施莱辛格—迈耶百货公司大楼（Schlesinger & Mayer Store，1899—1904）具有代表性。两座大楼都未采用古典柱式，为了展示商品，临街的底层开大玻璃窗；其上一层也归商店使用，窗子略小；再往上是办公用房，窗子更小，各层功能相同，外观处理也相同。温赖特大楼虽未采用柱式，但古典建筑元素仍然很多，金属框架结构隐藏不露。施莱辛格—迈耶百货公司大楼建造时已踏入 20 世纪，墙面和顶部的处理相对简单光洁，金属框架结构的特征明显。不过两座建筑的外部都有不少装饰雕塑。施莱辛格—迈耶百货公司大楼的底层有枝叶蔓绕、华丽复杂的铁制装饰，窗子周围有边饰。

沙利文本人的建筑作品的形式，只能说在一定程度上"跟从"了实用功能。在功能之外，它们同时还"跟从"其他因素。

他曾将功能定义为"人的思想和行为的应用，是他们内在的力量，以及将这些力量，包括精神的、道德的、物理的力量，应用于其中的结果……"沙利文说"民主也是一种特定的功能，朝气蓬勃的民主政治，在寻找一种特定的表现形式，而民主的建筑无疑会找到自己特有的形式。"[3]

可见，在沙利文的思想中，并非只有"形式跟从功能"这一条，而他心目中的"功能"不单指物质的、使用的功能，还包括精神的、表现的功能，民主也算一项功能。

有人对沙利文说："你把艺术看得太重了！"沙利文答说："如果不这样的话，那还做什么梦呢！"在他的自传中他写道："一个真正的建筑师的标准，首要的便是诗一般的想象力。"

从这些话语看，沙利文毕竟是位建筑师，不是土木工程师，不是机械工程师。

三、建筑与自然物的差异

动植物的形态是亿万年进化过程中基因变异的结果。是自然的、本能的、无意识的、非自主的现象。将动植物的形象与建筑的形象加以类比虽有趣，也有诗意，然而，无视两者本质的差异，把生物界的现象套到人类社会的建筑活动中，不符合客观实际，不是科学态度。

人类社会有文化、有历史、有传统，人有思想、记忆、情感、意志，建造房屋是人——主体的自主、自觉的行为。人建造房屋受自然条件的影响和限制，但绝不像动植物那样全然被动地受支配，作为人造物，建筑要在条件许可的范围内，要满足所有者、使用者、权力者和订货人等不同的需要。

人的需要复杂多样，既有物质的实用的需求，又有精神方面的人文需求。实用功能的目标是使生产、生活各方面活动能顺利完满地进行；精神功能显现时代、社会、体制、观念、礼仪、伦理、情感、喜恶、时尚等方面的要求。

因此，人在建造房屋时，同时置入物质的与精神的两类功能。一座建筑物具体有哪些物质功能和精神功能，是建筑所有者或订货人自主自觉抉择、规定的结果。

百年前，沙利文主张建筑创新，他需要理论依据以支持自己的见解，在当时当地的条件下，他选用了雕塑家格林诺（Horatio Greenough，1805 — 1852）的"生物美学"的观念和话语，格氏是美术家不是生物学家，他的那几句话并非科学研究的结论，只是诗意的假说。沙利文效法他，把"形式跟从功能"的公式搬用到建筑设计中。

不过，就沙利文的实际工作看，他并没有被自己倡导的生物学式的"形式跟从功能"的公式捆绑住。作为一名建筑师，沙利文在实际工作中仍然抱有对建筑的比较全面的认识。

实际工作中，建筑形式需要"跟从"或"追随"的东西远不止一项两项，功能只是其中之一，而且，建筑项目所处的环境、条件、任务和需求多种多样，是动态的，使用功能并不一定是最重要的因素。

总之，建筑形式问题要放在建筑矛盾复合体的性质和境地中进行研究处理，不要单一，更不必为建筑形式制定一条"建筑公式"。

四、内形式与外形式

人们谈建筑"形式"大都指建筑的外部形式，建筑又有内部形式。这并非由于人既能从外面看建筑，又能进到建筑内部观看之故，也不是专指室内装修说的。内外两种形式不是建筑特有的现象。哲学家指出，一切物体都有内部形式与外部形式，即内形式与外形式。两者的区别十分重要。

哲学家告诉人们，事物的内部形式是内容的内在组织结构，属于内容诸要素间的本质联系；外部形式是内容的外在的非本质的联系方式。内部形式和内容不可分割。外部形式同内容的联系不具有内部形式那样的内在性、直接性，它和内容不是直接统一的。又说，事物的外部形式具有不同的层次，有些外部形式与事物的内容存在着一定联系，有些同事物的内容并不直接相关。[4]

事物的内部形式和外部形式有着显著差异，建筑也是这样。这与我们讨论建筑形式问题有关。

拿宾馆建筑来说，外部形式可以是仿古的，上部有琉璃瓦大屋顶；或者新潮的，大面积使用金属和玻璃，轻巧灵动；有的尽显欧陆风情，堂皇稳重，派头十足；有的仿效地方民居，富于乡土风韵。宾馆的外部形式各式各样，而内部组成与格局所显现的内部形式，则大同而小异，都是按宾客住宿的功能产生的。

体育建筑的外形也是多种多样，各具特色，可是它们的内部却大同小异。北京国家体育场（鸟巢）的外部形式非常独特，从来没有那种外形的体育建筑，可是"鸟巢"的内部与世上同级别体育场馆内部的差异则小得多。

澳大利亚悉尼歌剧院内部厅堂的形式与表演功能直接相关，与世上多数歌剧院类似，而它的外部形式完全是另外一回事。建筑师伍重根本不理会"形式跟从功能"那一套。对于悉尼歌剧院的外形，人们形容它像海上的船帆、海边的贝壳、盛开的花朵等，就是没人说它像一座歌剧院，因为它的外形式与歌剧院的功能实在没有直接联系，虽然如此，大家并不加以责难，反倒称赞悉尼歌剧院是一座美丽的、成功的建筑作品。

20 世纪前期，当现代主义建筑勃兴之时，倡导"由内而外"的创作方法。但细观现代主义建筑大师们的作品，它们的外形其实很自由，也不是真正"跟从功能"的结果。

就连当年沙利文当与阿德勒合伙时设计的芝加哥会堂大厦（Auditorium Building Chicago，1886 — 1890）也没有"形式跟从功能"。它的内部包括大会堂、办公楼和宾馆，这个多功能的大型建筑的外形式究竟应该跟从那一种功能呢？实际上，这座大厦的外形式"跟从"的是 19 世纪美国著名建筑师理查逊（Henry H. Richardson，1838 — 1886）的建筑风格。

建筑的内形式与功能直接关联，而外形式与功能并不一定关联。如果说建筑的内形式大体上"跟从功能"，那么，建筑外形式则是可跟可不跟，有跟有不跟，有的完全不跟，如悉尼歌剧院。

如果所有建筑物的外形式都跟定它的实用功能，世界上建筑的形象可就乏味多了。

五、建筑形式的生成

在建筑这个矛盾复合体中，建筑形式与众多因素相关：与材料、结构技术、使用功能、精神功能、环境特点、当时当地的社会人文状况、所有者或订货人的意愿与要求等都有关系，孰轻孰重，哪个为先，不能一概而论。

现实中的建筑有的"形式跟从功能"，也有"功能跟从形式"，谁跟谁，"跟"与"不跟"到什么程度，都不是固定的、绝对的。就历史长时段宏观地看，建筑的形式既因功能改变而改变，也随材料和结构的改换而变化。但就一个短时段微观地考察，建筑形式与功能的关系呈现多样复杂的情形。变与不变，跟与不跟之间还有中间状态，即"亦此亦彼"的状态。究竟如何，与矛盾发展的程度及相关条件有关。

民国初年，刚进入中国的新式话剧就在原有的旧戏园子里演出。一来，没有专演话剧的场子；二来，当时话剧要求的剧场"功能"与传统戏剧差别不太大。后来，要演芭蕾舞剧和交响音乐了，老戏园子不能满足要求，就得突破老戏园子的"形式"，另觅新的建筑形式。1931年，上海建成1 500座的新型演出建筑，包括南京大戏院（今天的上海音乐厅）等。次年建成的兰心戏院，它的舞台及后台的面积几乎和观众厅一样大，与旧戏园子相比，是全新的内容和全新的形式。

演出建筑的情况表明，当新功能与原有功能有差别但不太大时，可在旧形式内凑合完成，这时，新功能"跟从"旧形式。当新旧功能的差异大到一定程度，原有的形式无法包容新功能时，便催生出新的形式，这时才出现"形式跟从功能"的情况。

事实上，与"形式跟从功能"相反的"功能跟从形式"的情况大量存在。

北京故宫博物院设在明清紫禁城之中，博物馆的展览、保管、研究等功能，"跟从"了明清大内宫殿的原有"形式"。对参观者而言，由于环境完全真实，有些效果比新建博物馆还好。又如，现在体育馆内常举办服装展销会，老的北京四合院住宅内开办四川饭庄，都是"功能跟从形式"的例子。

这是由于，多数的功能是柔性的、有弹性、有伸缩调节的余地，并非如钢铁那样坚硬。此外，更是由于人在遇到困难时，会变通处理，灵活解决问题。所以，明朝、清朝留下的房屋，今人还能使用。中国人可住进洋人造的洋房，洋人可住进中国老四合院。而且，中国人住洋房，洋人住中国房，都挺高兴。

反过来，一种功能可以有多种形式。巴黎歌剧院、纽约大都会歌剧院、悉尼歌剧院三个世界著名剧院的功能大体相似，而形式相差远矣。

即便形式"跟从"功能，也有渐变和突变、微调和变脸，显著改变和稍微改变之别。1951年伦敦第一届博览会的展馆水晶宫是突变的例子，摩天楼——超高层建筑则经历了数十年渐变，才出现今日的形式。

还有一个明显而普遍的事实是，建筑的形式因人而异。与建筑形式有关的人很多，而以房产主、高官、设计师最重要。此外，建筑形式与投资者的钱袋子有关，与世界流行潮流有关……

总而言之，建筑形式生成的机制具有综合性、多样性、复杂性、不确定性。建筑项目愈重要，愈难办。

六、回看沙利文

沙利文活着的时候，美国人并不看重他。有人统计，1900年之前，美国报刊只有五篇肯定沙利文的文章。大多数的人则不同意他的观点。沙利文的合伙者阿德勒在 1896 年发表题为《钢结构和平板玻璃在风格上的影响》(*The Influence of Steel Construction and Plate Glass upon the Development of Modern Style*) 的文章，强调材料与结构因素对建筑形象的重要性。

沙利文与阿德勒散伙后，拿不到重要的设计委托，晚年相当潦倒，而身后却"红"起来了。

最先抬举沙利文的是几位欧洲建筑师。20 世纪前期，欧洲现代主义建筑兴起，激进派谬托知己，给沙利文送上现代建筑先驱的桂冠。数十年来，美国学者对沙利文的评价时高时低。1944 年，美国建筑师协会（AIA）授予去世已 20 年的沙利文一枚金质奖章，沙氏声誉达到高峰。20 世纪后期，美国建筑潮流出现新变化，对沙利文的评价又有不同声音。菲利普·约翰逊讲："沙利文说形式跟从功能，肯定不对。如果人们心里的观念强劲到能够表现出来，形式跟从的就是人们的观念。"[5]

沙利文受美国诗人惠特曼（Walt Whitman，1819 — 1892）的影响很大。对文学、艺术、哲学也多有涉猎，但都未深入，有人说他的思想有自然主义、先验主义、超验主义的倾向，指出他的写作用"情绪化的富于描绘性的文笔"，"是一种散文诗式的笔体"，"他的功能概念是浪漫主义的"。又有人指出，沙利文在与阿德勒合伙期间，主要从事装饰设计。研究者指出沙利文不是一位有严密的完整体系的思想者。

一百年来，对沙利文的评价不仅存在分歧，而且随着世界建筑思潮主流的变化而起伏变化。

应该说，在 19 世纪末期，当建筑业出现新条件、新功能、新要求，在历史性蜕变时期，沙利文看到旧形式与新功能之间存在矛盾，认为建筑形式不应僵化，要适应新功能的特点与需要，与时俱进，创造新形式，因此提出"形式跟从功能"的命题，总的看来，他的主张是积极的，当建筑业从前工业时代的轨道向工业化时代的轨道过渡的时期，沙利文强调建筑功能的重要性，有促进变革创新的作用，他在百年前提出这样的观点难能可贵。

沙利文不是理论工作者，作为开业的建筑师，他在从事建筑实践的同时，热心地、艰辛地思考理论性问题，提出有创意的新见解，已经大不容易。沙氏同时坚持建筑师要有梦想，有诗性，自己爱好诗文，擅长装饰艺术。如果我们还要求这位有浪漫气质的开业建筑师推出周密、系统、完善的建筑理论，很不切实际。

人们看到，与国计民生密切关联的经济学至今仍是众说纷纭，不停转换，依旧算不上一门严格的科学，我们怎能那样要求含有艺术成分的建筑学呢！建筑学牵涉面广，理论繁难。由于学科自身的特性，建筑学，特别是建筑创作这一块，不可能产生严密、系统、一锤定音、说一不二的理论。对沙利文我们不应求全责备。

绝对真理如一条长河，相对真理是汇入长河的小溪流。不管怎样，沙利文的思想观点即使总体矛盾芜杂，他的言论具有相对真理的价值，只要在当时起过一点推动建筑发展的作用，就应该予以重视，看作是汇入建筑长河的无数小溪流中的一支。

一百年前，沙利文作出了自己特有的贡献，人们不应忘记他。

1　Talbot Hamlin. Greek Revival Architecture in America. Oxford University Press, New York, 1944.

2　Louis Sullivan. The Autobiography of an Idea. Press of the American institute of Architects, Inc., New York City, 1924.

3　Louis Sullivan. 一个观念的自传. The Autobiography of an Idea. Press of the American institute of Architects, Inc., New York City, 1924. .

4　中国大百科全书总编委. 中国大百科全书（哲学卷）. 中国大百科全书出版社，1987:644.

5　P.Johnson Wrightings. A.D., 1979(8-9).

纽约布法罗担保大厦，沙利文

第十一章

建筑艺术的效用

一、艺术学

关于建筑艺术，大家想到的首先是好看难看的问题。事实上，建筑艺术的效用不止是审美，还有其他效用，而且，对建筑来说，审美也不是最主要的。

德国学者玛克斯·德索认为美学之外应有一门艺术学。他说："每一件天才艺术品的起因与效果都是极端复杂的。它并非是取诸随意的审美欢欣，而且也不仅仅是要求达到审美愉悦……艺术之得以存在的必要与力量决不局限在传统上标志着审美经验与审美对象的宁静的满足上。"[1]

德索认为，艺术是一个成分和效用都很复杂的现象，需要对艺术现象进行科学的、客观的研究。他讥讽"一个在一切事情上都想插嘴的哲学家，看上去可能像一个职业上的浅薄鬼，聒噪不已的万事通。"[2]

重要的是建筑的文化价值，这与建筑艺术的社会效用密切相关。

德索将艺术的效用分为三类：（一）理性效用，（二）社会效用，（三）道德效用。[3] 保加利亚学者利洛夫的分类是：（一）认识效用，（二）感情效用，（三）愉悦效用，（四）交流效用，（五）教育效用，（六）审美效用。[4]

有的中国学者将艺术的社会效用分为：（一）审美效用，（二）认识效用，（三）社会组织效用。[5]

这些表述是对所有的艺术门类进行归纳得出的。建筑是"不纯的"艺术，它的效用也有特殊性。

公共建筑，如北京的人民大会堂、国家大剧院、国家体育中心，纽约的帝国州大厦和联合国总部大楼、华盛顿的美国国会大厦和林肯纪念会堂、罗马的圣彼得大教堂等，它们屹立在城市的大道或广场上，长久地面向群众，这样的建筑形象具有公共艺术品的性质，发挥着多种社会效用。

许多高质量的建筑是私产，有私密性。另外一些虽然不是私产，但出于各种原因，实际上与外界隔离，普通人无从目睹其真面目，无由评说。不过，随着时代与社会的变迁，许多原来深藏隐秘、常人见不到的建筑的性质和用途出现变化，解禁以后显露真容，从私密物变为大众可以赏鉴的建筑艺术品。北京的明清故宫和皇家园苑、苏州的私家园林、欧洲各国的许多宫殿府邸、俄国圣彼得堡的沙皇宫殿、印度的泰姬陵等，都是著名的例子。其中许多是世界建筑艺术的顶级珍品。那些重要又珍贵的建筑物，视觉效果起着关键的作用，对于不能进入和不使用该建筑物的广大人群尤其如此。但审美仍然不是衡量其精神价值的主要因素。

我们认为，成为公共艺术品的建筑，在社会生活中，能够发挥下列效用中之一项或数项，它们是：信息效用，意识形态效用，符号效用，召引效用及审美效用。

二、信息效用

房屋建筑本身是物质文明和精神文明耦合的产物,虽然建筑造型没有叙事性和再现性,却能贮存大量的信息。人们在建筑的总体和细部中,可以解读出建造时期的政治、经济、技术、艺术、哲学、伦理、道德等方方面面的信息。从社会普遍的、集团的到个人的信息都有。

然而,历史建筑本身直接显示的主要是建筑工艺方面的信息,人们需要有各方面学者对古埃及社会制度、王朝历史,古文字、考古、宗教等多方面研究成果的配合,才能对金字塔、太阳神庙的建筑有深入、全面的认识。就是说,建筑历史研究不能脱离社会文化历史的研究孤立地进行。另一方面,建筑与其他领域得到的信息配合起来,我们就能得到对人类历史全面、真实、具体、可触、可感的信息。多方配合,相得益彰。

世界各处的名人故居中保存的信息让后人能直接体察名人生前的许多生活细节。我们今天到英国的莎士比亚故居、宋庆龄故居和梅兰芳故居参观,建筑形象中积存的信息是立体、可视、可触的,人能置身其内,被特定气氛笼罩。就会得到许多直接、细微又亲切的感受。

与大多数艺术品比较,房屋建筑尺度大,存在时间久。古代的石造建筑能屹立数百数千年。在这个过程中,后来发生的与该建筑有关的历史、事件、变故、人物也可能在那座建筑中或多或少的保存,在原有信息中添加进后续的信息。例如,土耳其伊斯坦布尔的圣索菲亚大教堂原是拜占庭帝国的东正教教堂,后来土耳其人将它改为清真寺,在四角加造了四个伊斯兰式的细高塔,柱式和装饰也出现伊斯兰建筑的影响。

因此,一般非专业人士为解读历史建筑中贮存的信息,要有人介绍,或事先做些功课。学机械的人可以不学机械史,学建筑的人则要学建筑史,这与学哲学的人需学哲学史道理一样。

一年秋天，笔者立在山西五台山佛光寺大殿门槛内。四外群山环绕，白云悠悠，万籁俱寂，置身在一千一百年前建造的佛寺的原构之内，时间仿佛凝固了，一时间，精神恍惚，似乎当时就是唐朝的某一天。又一次，笔者在应县木塔楼内徘徊，刹那间，又忽然觉得好像回到了辽代。

古今著名建筑为什么能吸引大批参观者？重要的原因之一，在于人们能在与那些建筑亲近接触中，直接感受到物化于建筑中的古今信息，这些信息是立体的、真实的、亲切的，仿佛将你覆盖、包裹在其中。在这些方面建筑胜于绘画、诗词、小说、戏剧、电影。

三、意识形态效用

包括政治观点、伦理观念、法律思想、道德观念、宗教、艺术、哲学等在内的社会意识形态是高层次的、系统化的社会意识。建筑既是社会物质文明与精神文明的耦合物，社会意识形态就不可避免地要融入其中。

汉朝初年营造宫殿，丞相韩信对汉高祖说"夫天子以四海为家，非壮丽无以重威"（前199）。其实，从埃及的法老、历代的皇帝直到希特勒，无需韩信谏言，权势者个个都知道建筑艺术有宣示意识形态的效用，能在无言中默默影响社会群众的心理。

在中国长期的封建社会中，形成了一套严密的宗法礼制，除了封建社会的等级制度和宗法思想，又夹杂着许多迷信因素。这些都深深融入了中国传统建筑体系之中。

中国历代的皇城和皇宫，从大的布局到细部处理，都有封建礼制和象征帝王权威的宣示作用。都城中最重要的建筑物布置在中轴线上。最尊严的太和殿采用型制等级最高的重檐庑殿屋顶，面阔十一开间，屋面覆黄色琉璃瓦，装饰中有大量龙饰和金箔。下有三层高大的白大理石台基，面朝 2.5 公顷的最大庭院。在规划和设计紫禁城宫殿时，显示皇权至高无上的意图就是第一位的考虑，使用方便与否排在后面。明清故宫的建筑为张扬帝王权力服务，在和谐宏伟壮丽的同时，不免会产生严肃、单调、刻板的特点。

为了宣扬"天"是至高无上的主宰，君王的行为是奉"天"的意志进行的，自古以来，统治者修建了众多祭祀性坛庙建筑。天坛、地坛、日坛、月坛等坛庙建筑纯然是为宣示封建意识形态而造。

明朝官府为贯彻封建等级制度，制定了住宅等级制度："一品二品厅堂五间九架……三品五品厅堂五间七架……六品至九品厅堂三间七架……不许在宅前后左右多占地，构亭馆，开池塘。"[6] 不过，这种限制在实际生活中往往被突破。

我们再看看近代才出现的国家——美国的情况。

美国第三任总统杰斐逊（Thomas Jefferson，1743 — 1826）是美国《独立言言》主要起草人之一。作为有重要影响的政治哲学家，他十分重视建筑，创办了弗吉尼亚大学，并亲自规划设计这所大学的主要建筑。他深知建筑形象能对人的思想产生影响，明确宣称"建筑能塑造人的心灵并指导他们的行动"。（Belief in the power of architecture to mold the minds of men and to direct their action.）

从 1820 年代至 1860 年代，美国兴起仿效古希腊建筑的风尚（Greek Revival）。当时是美国工业化时期，经济蓬勃发展。美国人口大多来自欧洲，崇尚欧洲的正统文化。富裕起来的人建造房屋时喜欢套用欧洲古典建筑式样。新成立的美国反对专制政体，赞赏古希腊的民主政体。人们既爱屋及乌，又爱乌及屋，当时美国朝野对古希腊建筑样式尤为赞赏。有一阵子，新造海关、银行、证券交易所、公司、学校等近代才出现的新型建筑物时，也纷纷模仿古希腊神庙的模样。1836 年，费城建造的吉拉德学院是一个典型例子。

吉拉德学院认真模仿雅典帕提农神庙外形，费钱又费事，别的建筑项目供不起，便退一步，在大门外加一个希腊式的柱廊，至少也要立几根希腊式柱子，这在当时成了一种建筑风气。用不起真石柱的人，改用便宜些的材料仿制。笔者在美国见过一个法院有红砖砌的柱子，一座小教堂用木板拼成的希腊柱廊，还见有的商店门脸上用生铁铸造的柱子，远看像那么回事，近看就露馅了。

怎样解读这一现象呢？古希腊的帕提农神庙及柱式造型优美，没有疑问。但是在十九世纪前中期那段时间中，美国朝野各界人士从建筑历史上多种多样的建筑样式中，独独看中古希腊建筑样式，不问合适与否，想方设法，到处套用，几乎到了狂用和滥用的地步。这个现象无法用"爱美之心人皆有之"加以解释。后来，建筑的"希腊复古"之风渐渐消散，也不是由于爱美之心淡薄之故。主要是当时美国社会文化心理即社会意识形态使然。如上所述，当时，这个新出现的共和国的人民心仪古代希腊的建筑，与古希腊的政体和文化相关。杰斐逊等社会精英带头鼓吹。上有好者，下必效之。在那个时期美国的社会意识形态环境中，公私建筑采用古希腊的建筑样式，或是带上古希腊建筑的元素，传达的信息是：这座建筑的所有者或订货人，是拥护民主政治的人，是有文化的人，是品格高尚之士。

反过来，如杰斐逊所希冀的，仿效古希腊建筑样式的美国新建筑，在一定程度上，有利于宣示和强化美国人民对民主政体的拥戴意识。这是自觉利用建筑艺术为意识形态服务的一例。

德国法西斯头子希特勒对建筑的意识形态效用也十分重视。本书第八章中已有介绍。

四、符号效用

符号学门派众多，复杂，深奥，尚未完全成熟。我们按一般的理解使用"符号"一词，相当于"记号"。

意大利学者艾柯（Umberto Eco，1932 —）说："每当某一人类团体决定运用和承认作为另一物的传递工具时，就产生了记号"，"某物是记号，只因它被某解释者解释为某物的一个记号……"⁷ 这是说，当客体在主体心目中具有代表另一客体的作用时，它便成为记号。

记号有自然记号、物品记号、心理记号等。建筑，特别是公共性建筑，体量大、存在时间长、形象显眼、能被公众看到，因而往往具有地标的作用，地标即某一城市、某个地区、某个地点的记号或符号。如天安门城楼被当作中国或北京的符号，美国国会大厦成了美国或华盛顿的符号，北京四合院成了老北京的符号等。

因为存在时间长，传统建筑中的某一局部或某个组件也会成为符号。中国传统建筑的大屋顶及檐下的斗拱，现在被视为中国传统建筑的符号。马蹄形拱券和洋葱头穹窿成为伊斯兰建筑的符号。稍有建筑常识的人，见到这些建筑符号，便能大概明了那些建筑物的来龙去脉。古希腊和古罗马留下的柱式，长时间在世界各处被搬用，成了西洋古典文化最重要的符号之一。

总之，历史建筑或存在时间较长久的建筑样式，都有可能具有形制符号的效用。所以有人说建筑会说话，对于稳态的传统建筑，确实如此。你一眼能看出哪是基督教堂，哪是旅舍，哪是中国汉族民居，哪是丹麦农舍。2008 年上海世界博览会中国馆的造型与斗拱的形象有一定的关联，是中国传统建筑符号的现代运用。那座建筑既传统又现代，巧妙地显示出世博会主办国中国建筑的历史和当下的特色。

五、召引效用

建筑的符号效用能起召引作用，即能吸引人、聚集人。

南京中山陵的建筑群（20 世纪 20 年代由吕彦直设计），是孙中山先生革命功绩的一个最重要的实物符号，它对于全球华人有着磁石般的召引作用。沙特国王已开始将另一圣地麦地那的可容 20 万人的先知清真寺加以扩建，使之成为可容 180 万人的世界最大的清真寺。[8] 沙特阿拉伯麦加的禁寺内的"天房"，是伊斯兰世界的最神圣的礼拜场所，每年聚集在寺院广场上的信众超过百万。

南京中山陵和麦加的"天房"是以往的例子。如今信息时代，巨量的信息让人应接不暇。稀缺的不再是信息，而是受众的注意力。信息无所不在，而人的注意力有限，机构、企业和商家最担忧虑的是人们对其注意力不足，因而花大力气争取人们的注意力。就商业来说，商家争得的注意力越多，生意就越兴隆，形成所谓"注意力经济"，广告业跟着大大兴盛起来。这种情况同样见于建筑界。虽说自古以来建筑形象都要引人注目，于今竞争更激烈。现代世界的城市建筑密集，大厦林立，建筑的造型必需与众不同，才能引起人们的注意。如同繁华大道上人来人往，熙熙攘攘，只有穿着奇装异服，打扮出众的人才能"吸引眼球"，引来人们的注意力。

正统建筑观念反对怪异的建筑，而在市场经济条件下，"正常"的建筑形象不敌"超常"的建筑形象，"超常"建筑形象又不敌"反常"的形象。从来没人见过的，与任何现有的建筑都不相同的"反常"的建筑造型，才最"吸引眼球"，最能召引社会公众的注意力。由此增加知名度，扩大影响力，增加收益。

无力自己单独建造大楼的商家、机构，能在有名的高楼大厦中租地方经营办事，身份档次也即时提高。建筑物名声愈大，得到的注意力愈多，召引、聚集的人流也愈多，物质和精神双丰收。这样的例子到处都有。

纽约洛克菲勒中心是较早的一个，西班牙毕尔巴鄂古根海姆美术馆也是一个。那座与先前任何一座美术馆都不同的美术馆建成后，原本无名的西班牙港口毕尔巴鄂因此而出名，召引了大量的访客，地方当局高兴异常。更早一些，美国明尼苏达大学校长请盖里设计该校的建筑，就是看中他的作品造型奇特。有人批评盖里设计的是"校园中最丑的建筑"。校长则说："我并不一定要人喜欢它，但它能够吸引人来校参观。"副校长进一步说："这座建筑对我

麦加朝圣

们学校有积极作用，我们现在需要与众不同的建筑，要醒目！"两位校长说的是心中真话。

北京有条街上有一个酒店，立面上外罩一层大"面网"，不知当初效果怎样，现在灰暗如抹布，可能也是为了让人醒目。央视新楼在过程中遇到一点麻烦，但声名远播，"眼球吸引力"已远超一般。

说到这里应该提到阿拉伯联合酋长国非常独特的城市迪拜，它位于波斯湾南岸。由于石油、天然气极为丰富，若干年来超速发展，真正成了世界建筑师最狂热的试验场。那里建了许多高楼大厦，有一段时期，那儿真正出现了"没有最高，只有更高"、"没有最怪，只有更怪"的建筑场景。

六、审美效用

人们时常谈论建筑审美，但众说纷纭，莫衷一是，根源在于美学本身就处于众说纷纭，莫衷一是的状态。两千年前如此，至今没有改观，在可预见的未来，难有河清海晏的局面。至于建筑审美，我们有如下的一些看法：

（一）建筑有审美问题，但不应过分强调。毕竟建筑主要不是供人观看赏鉴的艺术品。建筑是部分带有艺术成分和审美效用的实用之物。有学者提出不能从美的角度去研究中国文学，我们以为更不能单从美的角度讨论建筑。

（二）人们对建筑进行"审美观照"时，很难做到康德所要求的"把愉快的、善的和美的三种情感严格分开"，实现"审美的无利害关系性"。相反，大多数人在观赏建筑时，即便没有购买、入住、占用的欲望和可能，心中仍然不免会掂量它花了多少银子，是不是合用，以及是否太过奢侈之类"非审美"的考量。在建筑领域，很难进行完全无功利性的、纯粹的审美活动。

黑格尔说建筑是"不纯的艺术"，建筑审美也难以"纯粹"，称之为"不纯的审美活动"可也。

（三）艺术中不仅有"美"，还有丑、怪诞和其他非美的东西。近代以来，大量丑的、怪异的、荒诞的东西涌入艺术。建筑领域也是如此。北京央视新楼的形象没让人感到优雅和有韵味，反而叫人惊怪和颤栗。审美活动变味成了审丑和体验惊险的行为。如今，"美"这个词歧义丛生，模糊含混，越来越无法以"美"作为标准去评议建筑形象了。

（四）人们常说人美、景美、味美，称道美人、美景、美味。可是，对另一些事物很少用"美"来形容，例如不说美狗、美马、美鞋、美汽车、美冰箱等。与此类似，一般人也很少说这座建筑美，那个房屋不美，不说美房、美楼、美寺庙，更不说美门，美窗，美屋顶。

也许这是一种习惯，但习惯说法似乎表明，人们意识到用"美"字表述人对汽车、手机、冰箱的喜爱和或不喜爱，有些过分，有些别扭，有点犯傻。可能是因为汽车、冰箱、手机之类实用器物以实用为重，形象中包含的人文思想和情感内涵并不深厚；说"好看"、"难看"、自己"喜欢"或"不喜欢"、"有意味"、"无意味"，就够了。这种评价把其他方面的考量，如好用不好用、性价比，坚固性等，包含在内，是综合的而非唯美的评价。人们对大多数的建筑也是作综合的、并非唯美主义的评价。大众对建筑的审美观照，一般都与花多少银子、有无必要、使用功能、社会意义以及意识形态问题连在一起，作出综合判断。实际生活中，单论建筑"美"或"不美"，很少见，容易流于空洞和空泛。

事实上，事物的艺术特性与审美特性虽然关系密切，但不是一回事，艺术价值与审美价值常常存在差异。这种情形在建筑领域更是常见。北京央视新楼是眼前的例子，许多人不否认那是建筑艺术，却不承认那歪扭倾斜的高楼有多少审美价值。

七、建筑审美主要是建筑感兴

歌德（Johann Wolfgang von Goethe，1749 — 1832）说"成功的艺术处理的最高成就就是美。"[9]

这个观点代表很多人的看法，但不符合大多数的实际情况。艺术的目的广泛多样，审美只是其中一个方面，而且不是孤立的存在。其实，在文艺领域中除了唯美主义和俄国形式主义学派，人们并不单从"美"的角度研究文学。曹雪芹在《红楼梦》中的许多描写使读者获得美的感受，但这部作品的意义不能单单用"美"加以概括，曹雪芹并非为美而写作。红学家的研究非常广博，"红学"远超"美学"。

如前所述，一般情况下，人们并不说"这个建筑美"、"那个建筑不美"。"建筑美"

不能概括建筑的综合成就。

"建筑美"一词在有关建筑美学的著作中长期广泛使用。我们认为，如果不把"建筑美"看成是外在于人的，对任何人都一样的，实体化的东西，这个词还可继续使用，也无法禁用。

叶朗教授对外国汉学家说"不应该从美来看中国文学"。同样，我们可以说，不应该单从美去看建筑。具有工程型实用工艺性质的建筑艺术，其目标和意义远不止于审美的范畴。单从美丑的角度无法解释建筑艺术的许多问题。例如，某一时期人们喜欢有传统大屋顶的建筑，另一时段，大家又反对加大屋顶，屋顶本身没有变，原因要到社会文化中寻找。

其实，人们的"建筑审美"，其实是一种"建筑感兴"。人们在应县木塔、苏州园林、南京中山陵、罗马古斗兽场、印度泰姬陵、纽约帝国州大厦、悉尼歌剧院、北京的国家大剧院和央视新楼面前，都会浮想联翩，免不了想到时代、社会、文化、技术、时尚，以至造价、产权等世事俗务，人们或赞赏、或惊讶、或感叹、或批判。有的人会兴起"世上无难事"，"天外有天"，"古人聪明"，"传统宝贵"、或"世风日下"，"人心不古"，"文化殖民主义来了"，"有知识没文化"等叹息。凡此种种，不一而足。

套用王羲之《兰亭序》的名言，中外古今建筑常常是人们"兴感之由"，"不能不以之兴怀"，于是，"感慨系之矣"。

其实，人们已经找到恰当的字词评论建筑的形象，"好看"、"难看"、"神气"、"怪气"、"稳重"、"挺拔"、"庄严"、"华丽"，"繁琐"，"吓人"等比较平实、比较明确，比"美"易懂的词语描述建筑的形象特征。

唐朝人司空图（837 — 908）对诗的风格、意境作细致的研究，他不是用"诗词美"一个词来说诗，而是将见到的诗分类为"二十四诗品"，分别为：

雄浑、冲淡、纤秾、沉着、高古、典雅、洗练、劲健、绮丽、自然、

含蓄、豪放、精神、缜密、疏野、清奇、委曲、实境、悲慨、形容、

超诣、飘逸、旷达、流动

司空图"二十四诗品"的分类,对我们有启发。就建筑看,古罗马的万神庙可谓"雄浑",泰姬陵可谓"绮丽",流水别墅可谓"清奇",朗香教堂"高古"兼"疏野",悉尼歌剧院"飘逸"又"豪放"……司空图的评价方法可以借鉴。

我国学者已推出多种"建筑美学"著作,笔者以为那些著作称为"建筑艺术学"似更恰当。

八、时代与文化的标示

对于有特殊意义的地标性建筑物,人们历来都很重视。不仅建筑的所有者、使用者对之重视,连与该建筑没有直接关系的一般人,以至一般社会舆论也会加以关注。60多年前建造的北京人民大会堂,前些年造的北京国家大剧院、国家运动场、游泳馆以及央视新楼,都曾引起社会各界广泛的注意,引发不少争论。人们对这些建筑的形象美丑的关注是一个方面,更多的是从文化的角度加以考量和评论。有人认为其中一些建筑过于西方化,距离中国建筑传统太远,有人觉得外国建筑师设计中国大建筑有"文化殖民主义"之嫌。许多人认为某些建筑与所在环境不协调,应该换个地点。有人认为建筑国际化不可避免,也有人强调建筑必须本土化,为中国建筑师没有拿到某些大项目打抱不平。

不论这些看法包含多少正误,从这些热烈广泛的议论可以看出,对于重要建筑,人们在看重它的模样的同时,更多的是从社会文化的角度进行全方位的审视和评论。并非个个都是形式主义和唯美主义者。

从建筑艺术本身包含信息效用,意识形态效用,符号效用,召引效用及审美效用来看,建筑艺术总体上发挥的是文化的效用。希腊的雅典卫城,巴黎圣母院,北京的天坛,印度泰姬陵,美国的"流水别墅",悉尼歌剧院等,本身就是人类文化的产物,但由于设计者卓越的独创性的建筑艺术处理，大大提升了它们的文化品位，使它们在同类型、同等级的建筑中凸现出来，其中的一些进入世界优秀文化成果之列。

建筑艺术表达社会文化，又对社会文化产生影响。北京人民大会堂反映上世纪中期新中国的文化状况和需要，影响延续至今。"鸟巢"表达出新世纪中国文化状况的变化和亢奋的奥运情结，反过来又激励大众更强烈、更大胆的探索精神。

公共建筑艺术处理的最重要的目的和意义在文化方面，总的效用是推升建筑物的文化品位，增添其文化价值。有关建筑的讨论和社会上流传的看法（包括讽刺和笑话），是正常的和民间的文化评论活动。

中外古今建筑差异很大，常无可比性，人们重视动植物多样性，对建筑也应如此，世界上古今建筑都有卓越成就。个别建筑物艺术水平的高低优劣，要在与同类型、同等级、同风格的建筑物的比较中见出。

我尊重并遵从杜甫的观点："不薄今人爱古人。"[10]

1 玛克斯·德索. 美学与艺术理论. 中国社会科学出版社, 1987:2.

2 同上 : 4.

3 同上.

4 利洛夫. 艺术创造的本性. 华东师范大学出版社, 1992.

5 孙美兰, 主编. 艺术概论. 高等教育出版社, 1989.

6 王鸿绪, 张廷玉 [清]. 室屋制度. 明史 (卷 68).

7 李幼蒸. 理论符号学导论. 中国社会科学出版社, 1993:510.

8 英国媒体报导. 2012-9-27.

9 黑格尔. 美学. 商务印书馆, 1979(1):24.

10 杜甫. 《戏为六绝句》.

第十二章

建筑，混沌，非线性

一、混沌 – 非线性

三百年前，牛顿发表《自然哲学数学原理》，他发现万有引力，提出力学三大定律。20 世纪初，爱因斯坦提出相对论，普朗克、玻尔等发展出量子力学。接下来一段时间，人们认为牛顿力学、相对论力学和量子力学分管不同层次的运动，三种力学合起来可以圆满地说明问题。宇宙似乎是清楚明确、井然有序的。

科学的进展再次改变了人的认识。20 世纪中期，科学界陆续出现了许多新的概念、新的词语、新的学科分支，如系统论、复杂性、非线性、混沌、分形几何、吸引子……新概念和新学科持续出现。

1963 年，美国科学家洛伦兹提出，人对天气从原则上讲不可能作出精确的预报。因为三个以上的参数相互作用，就可能出现传统力学无法解决的、错综复杂、杂乱无章的混沌状态。天空中的云、管子里液体的流动、袅袅的烟气、飞泻的瀑布、翻滚的波涛，都呈现出极不规则，极不稳定，瞬息万变的景象。一位科学家说他从这类事物中观察到的是"犬牙交错，缠结纷乱，劈裂破碎，扭曲断裂的图像"。人们发现古典力学给出的确定的、可逆的世界图景其实是罕见的例外。科学家指出"混沌（chaos）无处不在"，"混沌"是普遍存在的现象。

混沌学表明我们的世界是一个有序与无序伴生、确定性和随机性统一、简单与复杂并存的世界。因此，以往那种单纯追求有序、精确、简单的观点是不全面的。

牛顿给我们描述的世界是一个简单的世界。如，牛顿第一定律断言，任何物体都要保持其静止或匀速直线运动状态，直到外力迫使它改变运动状态为止。但这种不受外力，包括不受摩擦力影响的孤立系统，实际是不存在的。我们真正面临的却是一个复杂纷纭的物质世界。世界是由多种要素、种种联系和复杂的相互作用构成的网络，具有不确定性和不可逆性。

1977 年诺贝尔化学奖得主普利高津写道："过去三个世纪里追随牛顿综合法则的科学历史，真像一桩富于戏剧性的故事。曾有过一些关头，经典科学似乎已近于功德圆满，决定性和可逆性规律驰骋的疆域似乎已尽收眼底，但是每每这个时候总有一些事情出了差错。于是，待探索的疆域又变得宽广无际了。今天，只要我们放眼一望……我们就知道我们生活在一个复杂的世界上，我们可以在其中找到决定性的、也可以找到随机性的现象；既可以发现可逆性的、也可以发现不可逆的事物。"[1]

混沌现象指确定的但不可预测的运动状态。有人指出，"一切无序现象都被忽视了，是被特别地忽视了。大自然的不规则的那一面，不连续的那一面，稀奇古怪的那一面，一直对科学是莫测之谜，甚至更坏，是怪物妖魔、牛鬼蛇神。""20 世纪科学将永远被铭记的只有三件事，那就是相对论、量子力学与混沌。他们认为混沌就是 20 世纪物理学第三个最大的革命。"[2]

混沌又作浑沌，指混乱而没有秩序的状态。混沌现象指确定的但不可预测的运动状态。

混沌现象发生于易变动的物体和系统，该物体起初单纯，经过连续变动后，产生始料未及的后果，即混沌状态。有人认为，这并非杂乱无章的混乱，而是可以从中理出某种规则；也不是无序，并非有序的对立面，而是包含于无序中的有序模式。它随机出现但包含有序的隐蔽结构和模式，宏观无序，微观上却呈现复杂的有序结构。混沌理论先用于解释自然界，在人文和社会领域中，因事物相互牵引，混沌现象尤其多见。如股票市场，人生的平坦曲折，教育过程产生无法预期的结果。混沌理论是关于复杂系统的重要理论。

有关复杂系统的另一概念或表述是"非线性"。

线性，指量与量之间按比例、成直线的关系，在空间和时间上代表规则和光滑的运动，线性意味系统的简单性。非线性指不按比例、不成直线的关系，代表不规则的运动和突变。

流体力学的纳维—斯托克斯方程，将流体的速度、压力与粘度连接在一起，各因素同时变化，是著名的非线性方程。有人形容说，分析这种方程的性态"仿佛是在迷宫中行走，而迷宫的隔板随着你每走一步便更换位置"。

有人认为"非线性"涵盖"混沌"。本书中两词通用，在描述状态时多用混沌，说明原理的地方用非线性。

二、建筑学与混沌

迄今，学界对于混沌，对非线性等还没有清晰、完整、统一的认识，对其哲学意义也没有充分开掘。但混沌、非线性已横断各个专业，渗透各个领域。例如，已经出现了非线性光学、非线性动力学、非线性编辑等新的研究领域和学科。

古老的建筑学与混沌、非线性有什么关系？

建筑学本身具有几个突出的特性：

（一）矛盾性

前文已提过，建筑是物质的，又是精神的；是理性的，又是感性的；既是技术，又是艺术；既是私人的，又有社会性；既是生理需要，又是心理需要；既是空间的，又是时间的；既是有意识，又有无意识；既是当下的，又是绵延的，既是实用物，又是象征和符号；既有审美价值，又有经济价值，是重要的不动产，贮藏品和投资对象；既是功利的，又是超功利的；建筑艺术明明是实在之物，又被美学家认为是虚幻的……建筑自身集合了多重矛盾。

（二）差异性

每一座建筑的需求和条件都是独特的：自然条件、地理位置、建造目的和使用要求、房产主和使用者的身份和爱好，资金来源和数额多少、设计人员和施工过程……都不会一个样。即使都是北京的四合院，也存在差别。除了批量建造的商品住宅，其他建筑都是一次性的产品。重大的建筑更是单独设计、单独建造，不会重样。总的说来，房屋建筑的形象千变万化，没有完全雷同的。

（三）流变性

历史上的建筑变化缓慢。近二百年来，变化速度加快，近百年来，更是加速地变化着。相隔十年、二十年，在材料、技术、设备、方面就会出现新东西，在形体、风格方面更会出现新的走向和风貌。

现在，研究自然界的科学家们注意到自然界的混沌、非线性等性状。至于在社会、人文领域，因为事物相互牵引，太多的事情，诸如人生的起伏曲折，教育的效果与影响力，金融和股票市场的变动等，早就知道这些事情无法准确预测。虽然未用混沌和非线性之词，但对那种现象的特点是早已明白的。

　　建筑是物质生产，包含科学技术，但同时又渗入人文—社会科学的因素。建筑学包含的因素和变数，量大面广，加上矛盾、差异和流变，建筑学的内容中既有清晰明确的规定，又包含许多弹性的变通处置之法。研习建筑的人既承继了前辈的学问，同时又受潮起潮落的时代和时尚的影响。建筑中有许多"模糊地带"和"灰色空间"，设计过程中，领导、领导的领导、甲方、乙方、丙方等方方面面都带来矛盾、争执、扯皮、改动。在建筑师的工作中，说一不二，简单明快，干净利落的情况不多，建筑师每次做重要的、要求复杂的建筑物的设计，也像走在错综复杂的迷宫中，他动一笔，"迷宫中的隔板也随之变换位置"。他不停地思前虑后，提出各种点子和方案，大费周章。这是工作性质决定的。

　　建筑师不研究混沌与非线性，而建筑和建筑学本身就充满了混沌和非线性。根本原因在于房屋建筑不是自然物而是人造物，它们由人所造，为人所用，作出决断和评价的也是人。人有理性，又有感性，以及非理性。建造房屋时既依据客观条件，又无法摆脱主观的意愿，从头到尾，歧见百出，议论纷纷，既有理性，又有非理性，呈现混沌与非线性的状态。

　　举办建筑设计竞赛，在正常情况下，有谁能准确预知结果呢？1956 年，举办悉尼歌剧院设计竞赛的时候，谁能想到歌剧院建筑是那个样子！几年前，有谁能预想到北京央视新楼是今天那个模样！如果遇到非正常情况，就更加混沌了。洛伦兹说，人对天气从原则上讲不可能作出精确的预报。建筑的走向与天气相似，也难以准确预报。

　　建筑学包含混沌性，自古而然，只是先前没有"混沌"、"非线性"等名目而已。

　　科学家发现牛顿力学不够精确之后，不断深究，一再推出新学说，力求精准，为的是消除混沌。可建筑师对混沌却不太在乎，混沌就混沌，早就习以为常，而且不反对。如果失去或少了混沌，他们反倒不适应不舒服，以至提出要把混沌找回来。

　　怎么会有这样的事，您是说笑话吧？

　　不是的，20 世纪后期真的出现过这样的事。

三、召唤混沌

20 世纪前期，欧洲一些建筑师看到产业革命后建筑的条件和需要发生了变化，于是倡导革新，探索新路。大方向是正确的，但有些地方过了头。格罗皮乌斯说："现代建筑不是老树上的分支，是从根上长出来的新枝"。勒·柯布西耶说："工程师受经济法则推动，受数学公式指导，他使我们与自然法则一致，达到了和谐。"他呼吁建筑师向工程师学习，住宅向机器看齐。密斯·凡·德·罗说："所有的建筑都和时代紧密关联，只能用活的东西和当代的手段来表现。"他提出一个著名的设计原则："少即是多"（less is more），由此引出了现今都还流行的"简约主义"。这几位 20 世纪的建筑大师带头创新，史称"现代主义建筑运动"。从某个角度看，现代建筑运动的几位带头人当年提倡现代建筑要像机器那样精确、高效，他们想要清除的是建筑学中的混沌性。

但是，没过太久，不过三十来年，除了对手们的批判外，现代主义阵营的内部也出现异见，"现代建筑国际会议"（CIAM）因此于 1959 年宣告解散。

特别引人注目的是二次世界大战结束不久，勒·柯布西耶本人在建筑创作上的转变，最具标志性的是他于 1950 年开始设计的法国孚日山区中的一座小礼拜堂——朗香教堂。小教堂 1955 年落成，它的建筑风格同柯布 20 年代鼓吹的建筑新风格大不一样。概括地说，柯布从赞美工业化转而崇尚手工作业，从显示现代化情调转为追求原始粗犷的意象，从爱好清晰明确转向模糊混沌。朗香教堂突显一种混沌的建筑风格。这座小教堂的详情，本书第七章已有介绍。

著名日本建筑师安藤忠雄曾到朗香教堂参观，面对那座建筑，安藤思绪万千。他写道："柯布西耶的明晰透顶的作品，在某一时期突然变得暧昧起来……就像是自己背叛了自己一样……""站在朗香教堂前，把自己融入它的空间中，那时就可以看到柯布西耶本人从'白色时代'转变到朗香教堂时期在创作上的迷惑、不安与内心中的自我斗争——这些摇摆不定的心理过程就会毫无保留地传达给来访者，对他的自我否定的斗争精神的彻底性，我只有无以名状的感动。"[3]

在建筑理论方面，带头批判现代主义建筑的重要人物是美国建筑师文丘里。1966 年他出版专著《建筑的复杂性与矛盾性》。书的第一章名为《温和的宣言》。作者疾呼："建筑师们再也不应被正统现代主义的清教徒式的道德说教吓住了！"这句话是向现代建筑师发出的造反号召！他一上来就把建筑现代主义称作"清教徒式的清规戒律和道德说教"，文丘里的温和宣言一点也不温和。接着，他逐条提出与现代主义建筑针锋相对的主张，文丘里写道：

"我喜欢建筑要素的混杂，不要'纯粹的'；宁要折衷的，不要'干净的'；宁要歪扭变形的，不要'直截了当'的；宁要'暧昧不定'，也不要'条理分明'，不要刚愎无人性、枯燥和所谓的'有趣'；宁要世代相传的，不要'经过设计'的；要随和包容，不要排他性；宁可丰盛过度，也不要简单化、发育不全和维新派头；宁要自相矛盾、模棱两可，也不要直率和一目了然；我容许违反前提的推理，甚于明显的统一。我宣布赞同二元论。我赞赏含义丰富，反对立意简明。既要含蓄的功能，也要明确的功能。我喜欢'彼此兼顾'，不赞成'或此或彼'；我喜欢有黑也有白，有时要灰色，不喜欢全黑或全白。"

勒·柯布西耶当年提倡理性建筑，三十年后忽地"变脸"，搞出混沌的朗香教堂。文丘里则突然站出来，大声呵斥现代主义建筑的各项主张。

密斯说"少即是多"，文丘里就不客气地回敬道："少就是少"，"少不是多"，"少是枯燥"（less is less, less is not more, less is bore），咬牙切齿之声几乎可闻。反之，文丘里宣布，建筑可以"混杂"，可以"自相矛盾"，可以"暧昧不定"、"模棱两可"、可以"有黑也有白"。他"允许二元论"，要求人们在建筑中"不要排斥异端"，要"容许违反前提的推理"等（Robert Venturi. Complexity and Contradiction in Architecture. The Museum of Modern Art, New York, 1977）。他赞颂偶然的、意外的、杂凑而成的"山寨版"房屋。宣称美国"大街上的东西几乎都很不错"，人们应该从赌城拉斯维加斯的建筑中学东西。不必再去罗马了。

文丘里并非提倡建筑复古主义，他是在思想和创作方法两方面推介、维护、提升建筑中"混沌"的价值。他的"温和的宣言"是古今建筑史上罕见的极其坦率的"混沌宣言"。

科学家研究混沌，是为了解决混沌产生的难题。建筑师的表现与科学家全然不同，他们早已适应混沌，运用混沌，刚一失去，就召唤混沌。

四、非线性建筑近况

建筑师们不会去深入研究混沌和非线性的学理，但是很快就创作出了"非线性建筑"。正像哲学家德里达（Derrida，1930—2004）刚刚提出解构哲学，建筑师无须研究那晦涩的哲理，立马推出了"解构建筑"。

朗香教堂可以看作非线性建筑的一个先例，另一个著名的例子是美国建筑师盖里创作的西班牙毕尔巴鄂古根海姆美术馆。此后，这类建筑数量日益多起来。目下非线性建筑造型有一些共同的特点：其中包括，抛开笛卡儿坐标系，崇尚非欧几何，造型极度自由、极不规整、无规矩可言，大用蜿蜒的、弯曲的、破碎的、迷幻的、层次复杂的形态，显露偶然性、任意性、随机性，运用超常、反常的尺度，揉搓塑抹、翻腾动荡，给人以突兀奇特、匪夷所思、摸不着头脑之感。

事物都有两面，这些奇特超常的建筑造型，突破常规老套，引人好奇并探究。受众渐渐分化，一部分人摇头，另一些人见怪不怪之后，觉得新颖而有趣。千百年来，房屋建筑总体上几乎全是横平竖直，方正规矩，现在突破旧的格局，意味着创新，非线性建筑推出一种新的建筑形象。梁启超有一句话语："其倏忽幻异，波谲云诡，益不可思议"[4]，正好用来形容非线性建筑。这就给世界建筑艺术园地增添一个新品种，一番新景象。许多人开始产生好感，表示赞赏，非线性建筑日益增多。

人们对柔性的曲线、曲面向来有好感。古罗马以来，建筑中采用的大大小小、各式各样的拱券极大地丰富了建筑物的形象，增强了建筑的表现力。不仅如此，在欧洲巴洛克建筑风格盛行时期，有的建筑设计者还想方设法故意把平直的墙面、横梁做成起伏弯曲的形状。中国传统屋顶上的凹曲面和上翻的屋角也是异常动人的处理。不过，受限于以往所用的材料性能、结构技术和施工技术，房屋建筑形象基本上以方正的格局为主。

现在情况有了变化，新的具有奇异性能的合成材料和有机材料不断出现，有用纳米技术在分子层面上发明和改进的建筑材料。结构科学的进展改变了过去长期遵守欧几里得几何与笛卡儿坐标系，建筑结构材料也在进步和变化。对建筑设计讲来影响特大的是计算机图形的发展和使用，它不单是制图工具的改变，而且能扩展设计人的思维空间，发现更多的可能性，得到最优化、最个性化的建筑创意。计算机还改进了建造方式。盖里曾说，如果没有计算机，毕尔巴鄂古根海姆美术馆那样复杂的建筑很难建造起来。

材料、结构的进步，计算机的使用使非线性建筑具有了与此前一般建筑很不一样的形象。先前的建筑物给人以实在、坚固、稳重、界面确定之感，非线性建筑则以流动、轻飘、虚空、通透、界面模糊为特色。

非线性建筑与原有建筑之间反差极大，怎么会这样呢？上面提到非线性建筑出现的物质条件是基础，是必要条件，但还不够，关键还在于设计者的设计思想。

混沌和非线性的概念必然而且已经进入当代建筑师的视野，但多数人不见得去加以深究。建筑师的主要工作是造型，他们重视形象、形式、图形、图式。而我们打开任何一本关于混沌、非线性、分形、复杂性等的著作，其中除了数学公式外，还有许多从自然界各种事物的内部外部中拍到的前所未见的奇异、好看的图形。其中有许多复杂、鲜艳、美丽的图形。这些图形会直接又自然地对建筑师创作非线性建筑有所启示。这是"师法自然"

的又一途径。当然，像以往一样，意趣相近的建筑师的作品间的相互影响和启示更起作用。

非线性建筑将如何发展？它肯定将扩张蔓延，但同样可以肯定的是，它们不会完全取代已有的建筑样态。首先是因为它们的成本高，不够经济，只能出现于经费宽裕的建筑物之中，不可能到处开花。

建筑评论家詹克斯（Charles Jencks，1939）说："非线性建筑将在复杂科学的引导下，成为下个千年的一场重要的建筑运动"。他的看法过于乐观。与建筑业有关的因素太多太多，一种或几种新兴的科学概念和学科不足以引出一场全面的"建筑运动"，但是新的概念，包括艺术、文学、科学，却能引出建筑艺术方面新的潮流、新的时尚和新的流派。

现在这个时代，如马克思和恩格斯指出的："一切新形成的关系等不到固定下来就陈旧了，一切固定的东西都烟消云散了……"，[5]"混沌"或"非线性建筑"，作为一种建筑风格，不可能绵延一千年，似乎连一百年都办不到。

非线性建筑的形象，可以称之为现代的"巴洛克建筑"。如果把中外古典建筑形象比之于中国古代书法的篆书隶书，现代建筑比之为楷书行书，那么，非线性建筑以其大开大合、腾挪跌宕、活泼豪放的造型特点可以说是相当于草书和狂草了。这样的建筑作品为世界建筑大花园增添新的耀眼的花朵，无疑会成为大众瞩目的，有活力有魅力的新亮点。

世界建筑当下的情势再次印证了纪晓岚那番话：

"天下之势，辗转相胜；天下之巧，层出不穷，千变万化，岂一端所可尽乎。"

过去如此，现在如此，未来也会如此。

1　尼科里斯·普里高津. 探索复杂性. 罗久里，译. 四川教育出版社，1986:4.

2　James Gleick. CHAOS - Making a New Science. 中译本：混沌学传奇. 上海翻译出版公司，1991:5.

3　安藤忠雄，等. "建筑学"的教科书. 包慕萍，译. 中国建筑工业出版社，2009:8,14.

4　梁启超. 《史记货殖列传今义》.

5　马克思，恩格斯. 共产党宣言. 马克思恩格斯选集（卷一）. 人民出版社，1995:254.

后记

写这本小书用了很长时间，学习、做笔记、写草稿，翻来覆去，改来改去，积下许多札记和大堆废稿废纸。

最早想取名《建筑 X 问》，最后成了现在的书名。我自己最喜欢的书名是文丘里那本《建筑的复杂性与矛盾性》，他抓住了建筑问题的要害，本人心仪已久。

世事在飞快变化。有的专业的朋友说，他那个专业研究的对象、内容、概念已经变了多次，几十年下来，旧貌换新颜，面目全非，老人几乎无从置喙。比较起来，建筑这个行当虽然也在改变，但还没有变到翻脸不认人的程度。年纪大的人，如同老中医，也许还能说一点话。至于有多少意义，另说。

王羲之在《兰亭集序》那篇文章中表达的思想是超一流的，越咀嚼越觉得有意味。他说，人"当其欣于所遇，暂得于己，快然自足，曾不知老之将至。"我早知老之已至，更体会他讲的："向之所欣，俯仰之间，已为陈迹，犹不能不以之兴怀。"我写的这些文字即是自己关于建筑学的"犹不能不以之兴怀"的那些东西。

我国有多位学者出版了建筑美学方面的著作，给我许多启示。我要表达对他们的敬意。因为我知道写这类著作实在非常繁难，美学本身就难办，加上建筑问题，难上加难。不说好不好对不对，单是理清脉络，分出层次，能够自圆其说，就够费脑筋的。我有时想，写这种读者不多的小众读物真乃自找苦吃，费力不讨好。

为什么说自找苦吃，因为视觉形式问题很难，不是一般的难。

英国艺术理论家贡布里希在《秩序感》一书中记下一件往事：

"1956 年春，我有幸和伟大的知觉研究学者沃尔夫冈·科勒一起呆了几个小时，他当时是普林斯顿高级研究所的客座教授……能和这位著名的格式塔心理学始祖讨论视觉问题使我非常兴奋。我在黑板上画了一个人头像，然后问他：当我们看着这一画像时，我们的心理在进行着什么样的活动？他摇了摇头，说：'记住，心理学还是个娃娃。这个问题太复杂，我们还无法解决。'"

贡布里希写道："我知道，要处理视觉问题确实有点胆大妄为，但我觉得，只要能再一次引起人们对 J. 吉布森所说的'令人望而生畏的复杂的视觉问题'的注意，就可能会有一定的收获。"[1]

贡布里希的这些话也道出了我的想法。设计和造建筑难，真要解释建筑理论问题会更难。这种书如能引起同好们对问题的关注就够了。

人常会产生"今是昨非"的念头，我也是这样。王羲之说"后之视今，亦犹今之视昔"，是实情，是提醒。

这本小书内容不全面，建筑环境、建筑空间、室内设计等没有涉及。自知是"家有敝帚"，但盼望读者对我的看法提出意见，商榷和斧正。想进步即需证伪。

这本小书是学习的产物，许多书籍给我启迪。这里只提一本，书名《模糊艺术论》，作者王明居，安徽教育出版社，1991 年出版。书不算厚，但视角独辟蹊径，我受益匪浅。

同济大学出版社愿意出版这本小书，谨致谢意。

2012 年 11 月 18 日

---

1   E.H. 贡布里希. 秩序感. 浙江摄影出版社，1987:168.